2=purple
3=yellow
4=magenta
5=aqua
6=orange red
7=lime
8=blue
9=silver
10=maroon

This Book Belongs To:

_____

_____

_____

1x

1 x 1 = 1
1 x 2 = 2
1 x 3 = 3
1 x 4 = 4
1 x 5 = 5
1 x 6 = 6
1 x 7 = 7
1 x 8 = 8
1 x 9 = 9
1 x 10 = 10

2x

2 x 1 = 2
2 x 2 = 4
2 x 3 = 6
2 x 4 = 8
2 x 5 = 10
2 x 6 = 12
2 x 7 = 14
2 x 8 = 16
2 x 9 = 18
2 x 10 = 20

3x

3 x 1 = 3
3 x 2 = 6
3 x 3 = 9
3 x 4 = 12
3 x 5 = 15
3 x 6 = 18
3 x 7 = 21
3 x 8 = 24
3 x 9 = 27
3 x 10 = 30

4x

4 x 1 = 4
4 x 2 = 8
4 x 3 = 12
4 x 4 = 16
4 x 5 = 20
4 x 6 = 24
4 x 7 = 28
4 x 8 = 32
4 x 9 = 36
4 x 10 = 40

5x

5 x 1 = 5
5 x 2 = 10
5 x 3 = 15
5 x 4 = 20
5 x 5 = 25
5 x 6 = 30
5 x 7 = 35
5 x 8 = 40
5 x 9 = 45
5 x 10 = 50

6x

6 x 1 = 6
6 x 2 = 12
6 x 3 = 18
6 x 4 = 24
6 x 5 = 30
6 x 6 = 36
6 x 7 = 42
6 x 8 = 48
6 x 9 = 54
6 x 10 = 60

7x

7 x 1 = 7
7 x 2 = 14
7 x 3 = 21
7 x 4 = 28
7 x 5 = 35
7 x 6 = 42
7 x 7 = 49
7 x 8 = 56
7 x 9 = 63
7 x 10 = 70

8x

8 x 1 = 8
8 x 2 = 16
8 x 3 = 24
8 x 4 = 32
8 x 5 = 40
8 x 6 = 48
8 x 7 = 56
8 x 8 = 64
8 x 9 = 72
8 x 10 = 80

9x

9 x 1 = 9
9 x 2 = 18
9 x 3 = 27
9 x 4 = 36
9 x 5 = 45
9 x 6 = 54
9 x 7 = 63
9 x 8 = 72
9 x 9 = 81
9 x 10 = 90

10x

10 x 1 = 10
10 x 2 = 20
10 x 3 = 30
10 x 4 = 40
10 x 5 = 50
10 x 6 = 60
10 x 7 = 70
10 x 8 = 80
10 x 9 = 90
10 x 10 = 100

DIVISION TABLES

÷ BY 1

1 ÷ 1 = 1
2 ÷ 1 = 2
3 ÷ 1 = 3
4 ÷ 1 = 4
5 ÷ 1 = 5
6 ÷ 1 = 6
7 ÷ 1 = 7
8 ÷ 1 = 8
9 ÷ 1 = 9
10 ÷ 1 = 10

÷ BY 2

2 ÷ 2 = 1
4 ÷ 2 = 2
6 ÷ 2 = 3
8 ÷ 2 = 4
10 ÷ 2 = 5
12 ÷ 2 = 6
14 ÷ 2 = 7
16 ÷ 2 = 8
18 ÷ 2 = 9
20 ÷ 2 = 10

÷ BY 3

3 ÷ 3 = 1
6 ÷ 3 = 2
9 ÷ 3 = 3
12 ÷ 3 = 4
15 ÷ 3 = 5
18 ÷ 3 = 6
21 ÷ 3 = 7
24 ÷ 3 = 8
27 ÷ 3 = 9
30 ÷ 3 = 10

÷ BY 4

4 ÷ 4 = 1
8 ÷ 4 = 2
12 ÷ 4 = 3
16 ÷ 4 = 4
20 ÷ 4 = 5
24 ÷ 4 = 6
28 ÷ 4 = 7
32 ÷ 4 = 8
36 ÷ 4 = 9
40 ÷ 4 = 10

÷ BY 5

5 ÷ 5 = 1
10 ÷ 5 = 2
15 ÷ 5 = 3
20 ÷ 5 = 4
25 ÷ 5 = 5
30 ÷ 5 = 6
35 ÷ 5 = 7
40 ÷ 5 = 8
45 ÷ 5 = 9
50 ÷ 5 = 10

÷ BY 6

6 ÷ 6 = 1
12 ÷ 6 = 2
18 ÷ 6 = 3
24 ÷ 6 = 4
30 ÷ 6 = 5
36 ÷ 6 = 6
42 ÷ 6 = 7
48 ÷ 6 = 8
54 ÷ 6 = 9
60 ÷ 6 = 10

DIVISION TABLES

÷ BY 7

$7 \div 7 = 1$
$14 \div 7 = 2$
$21 \div 7 = 3$
$28 \div 7 = 4$
$35 \div 7 = 5$
$42 \div 7 = 6$
$49 \div 7 = 7$
$56 \div 7 = 8$
$63 \div 7 = 9$
$70 \div 7 = 10$

÷ BY 8

$8 \div 8 = 1$
$16 \div 8 = 2$
$24 \div 8 = 3$
$32 \div 8 = 4$
$40 \div 8 = 5$
$48 \div 8 = 6$
$56 \div 8 = 7$
$64 \div 8 = 8$
$72 \div 8 = 9$
$80 \div 8 = 10$

÷ BY 9

$9 \div 9 = 1$
$18 \div 9 = 2$
$27 \div 9 = 3$
$36 \div 9 = 4$
$45 \div 9 = 5$
$54 \div 9 = 6$
$63 \div 9 = 7$
$72 \div 9 = 8$
$81 \div 9 = 9$
$90 \div 9 = 10$

÷ BY 10

$10 \div 10 = 1$
$20 \div 10 = 2$
$30 \div 10 = 3$
$40 \div 10 = 4$
$50 \div 10 = 5$
$60 \div 10 = 6$
$70 \div 10 = 7$
$80 \div 10 = 8$
$90 \div 10 = 9$
$100 \div 10 = 10$

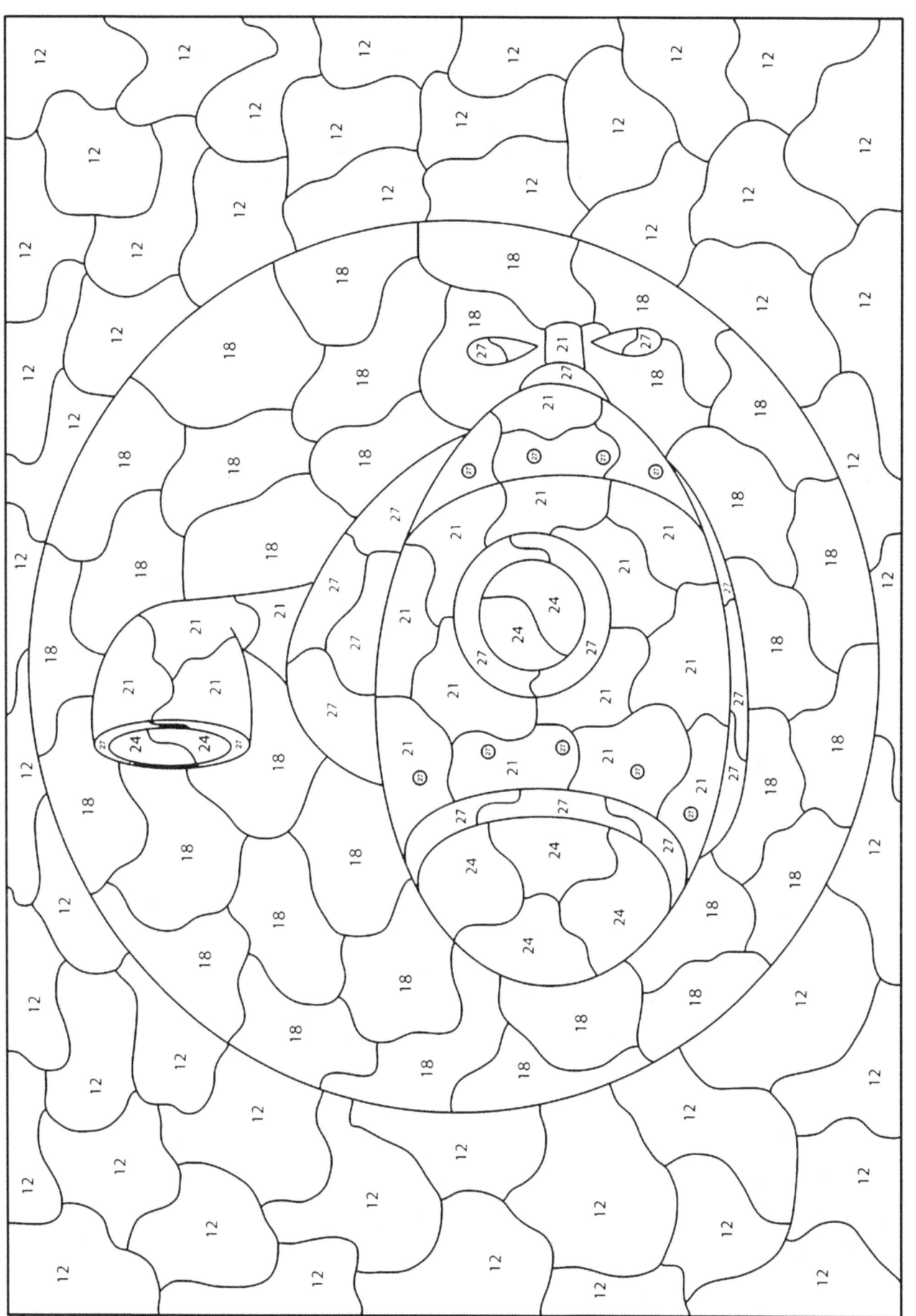

3x4=steel blue, 3x6=sky blue, 3x7=yellow, 3x8=light blue, 3x9=crimson

Test Your Color

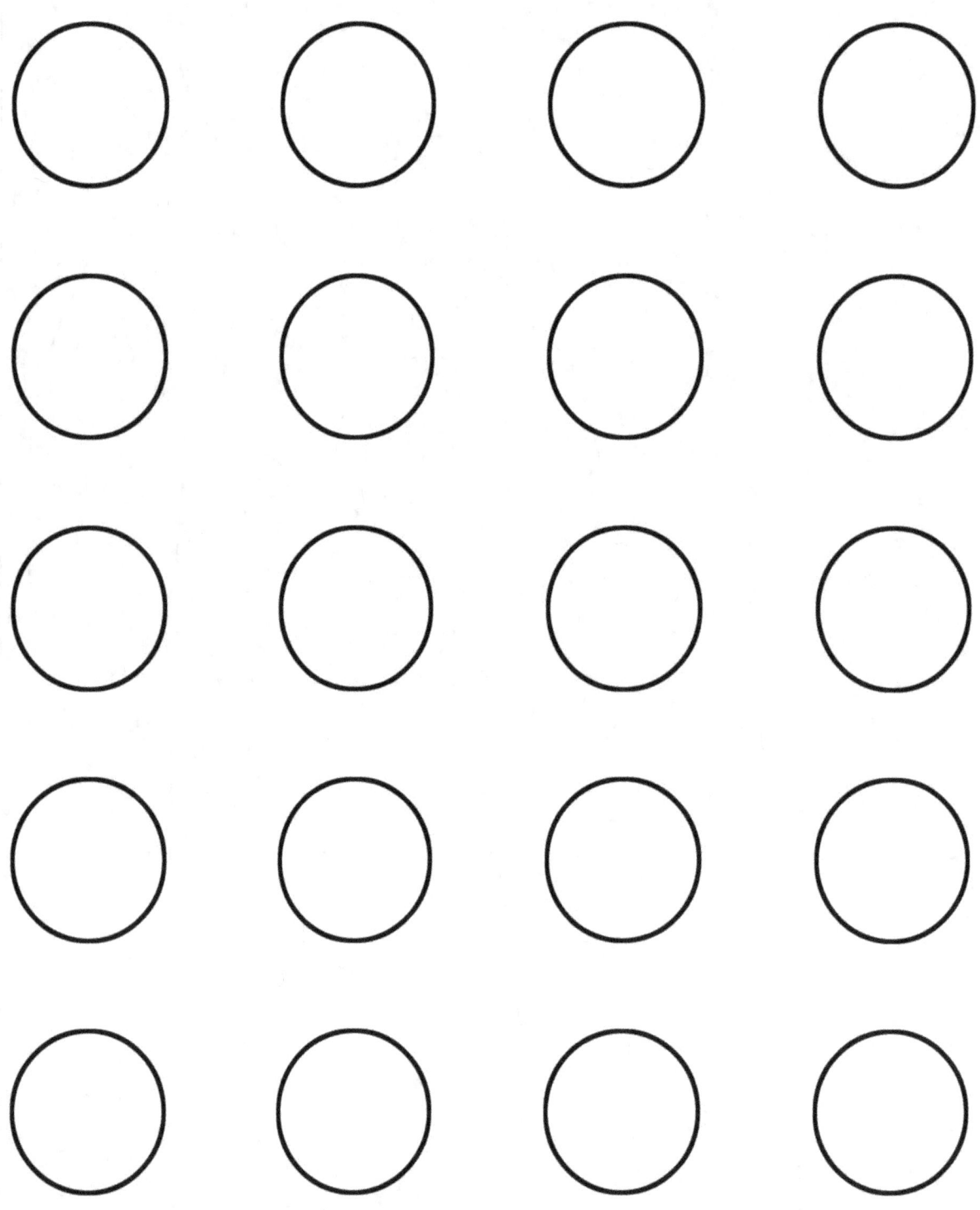

2=dark orange, 3=blue, 4=yellow, 5=magenta, 6=cyan
7=yellow green, 8=pink, 9=medium purple, 10=red

Test Your Color

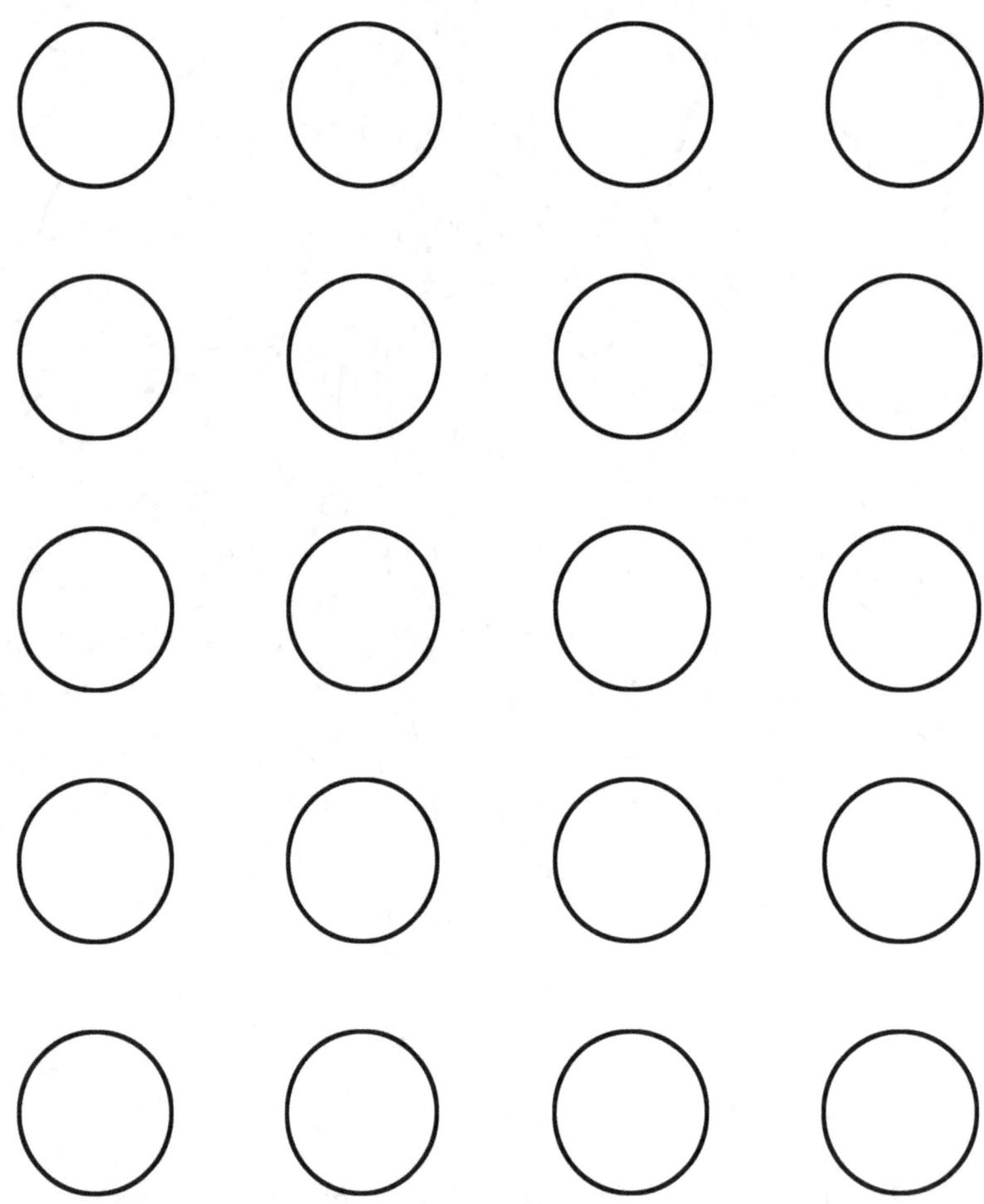

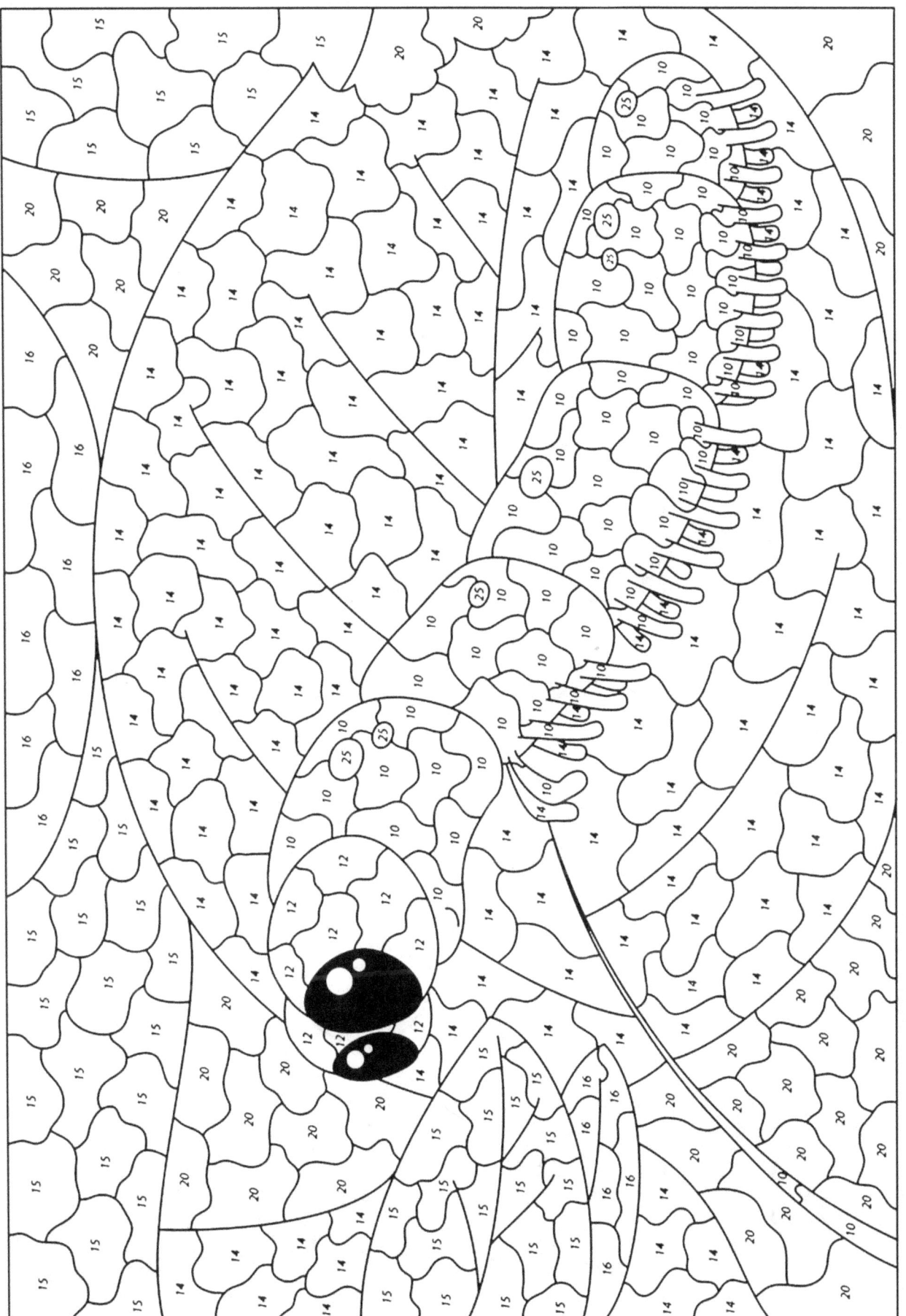

2x5=yellow, 3x5=teal, 6x2=white, 8x2=light sea green, 5x5=sandy brown, 4x5=light blue, 7x2=medium sea green

Test Your Color

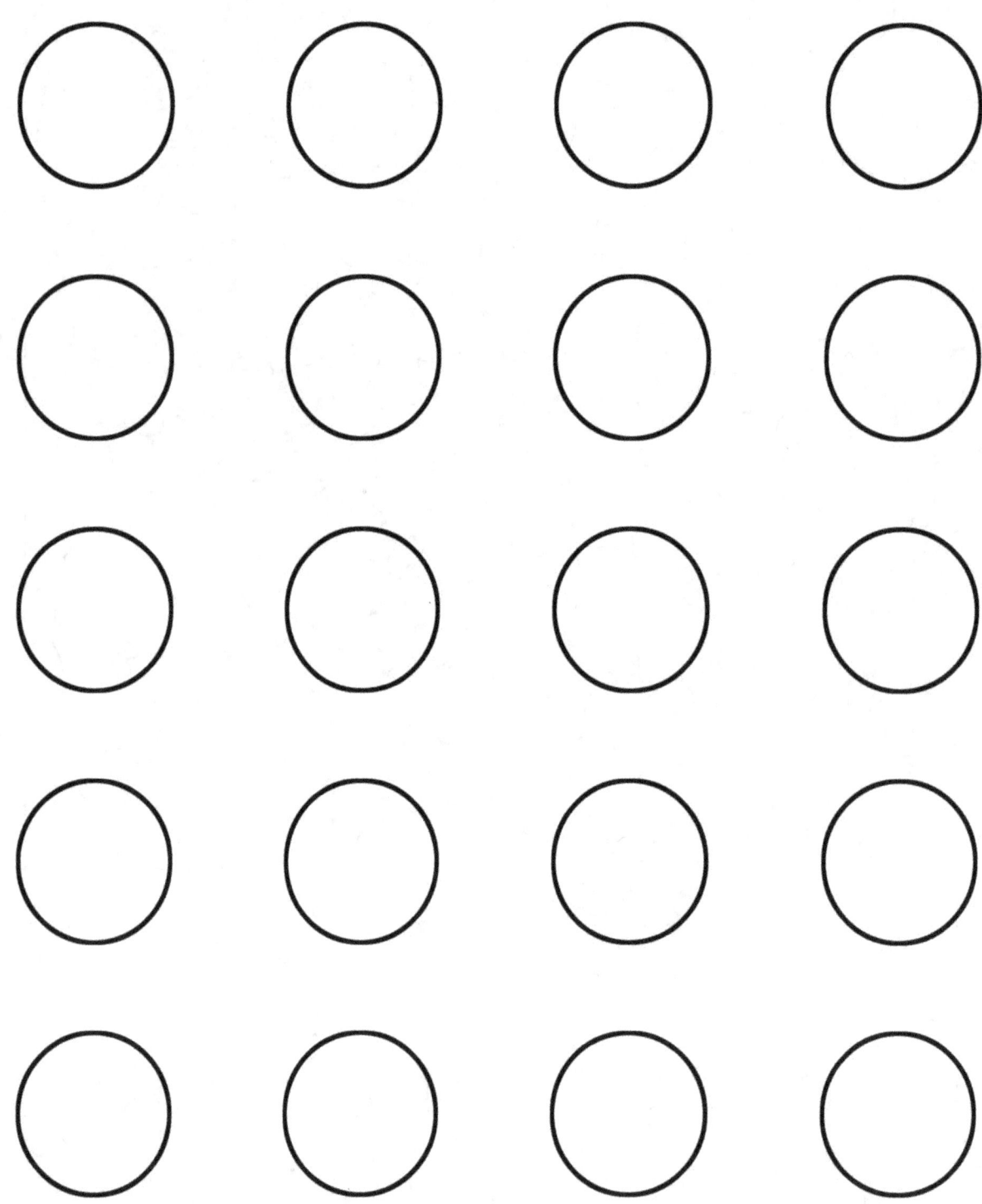

10=red, 15=yellow, 20=magenta, 25=lime green, 30=golden rod
35=dodger blue, 40=lime, 45=dark violet, 50=cyan

Test Your Color

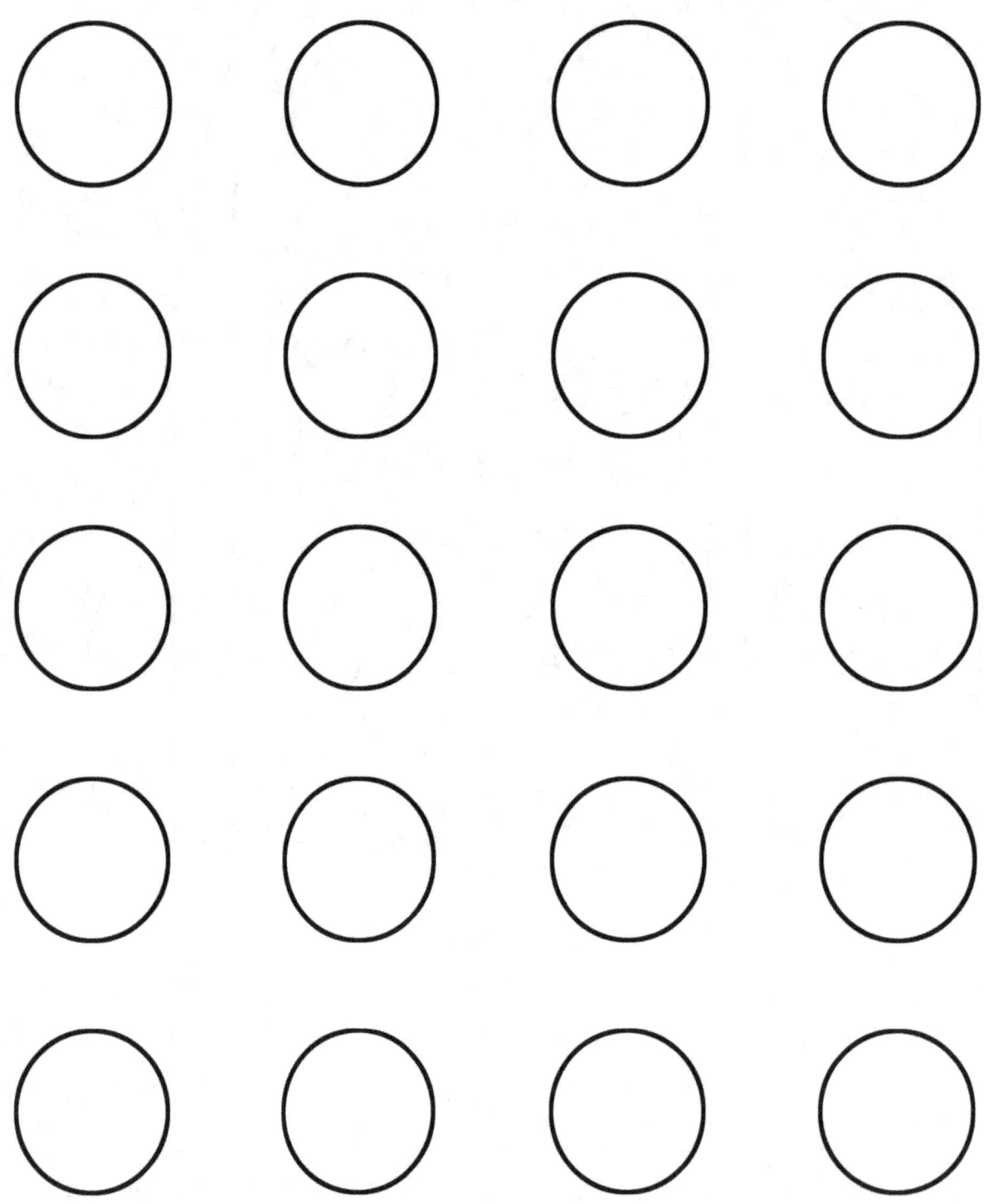

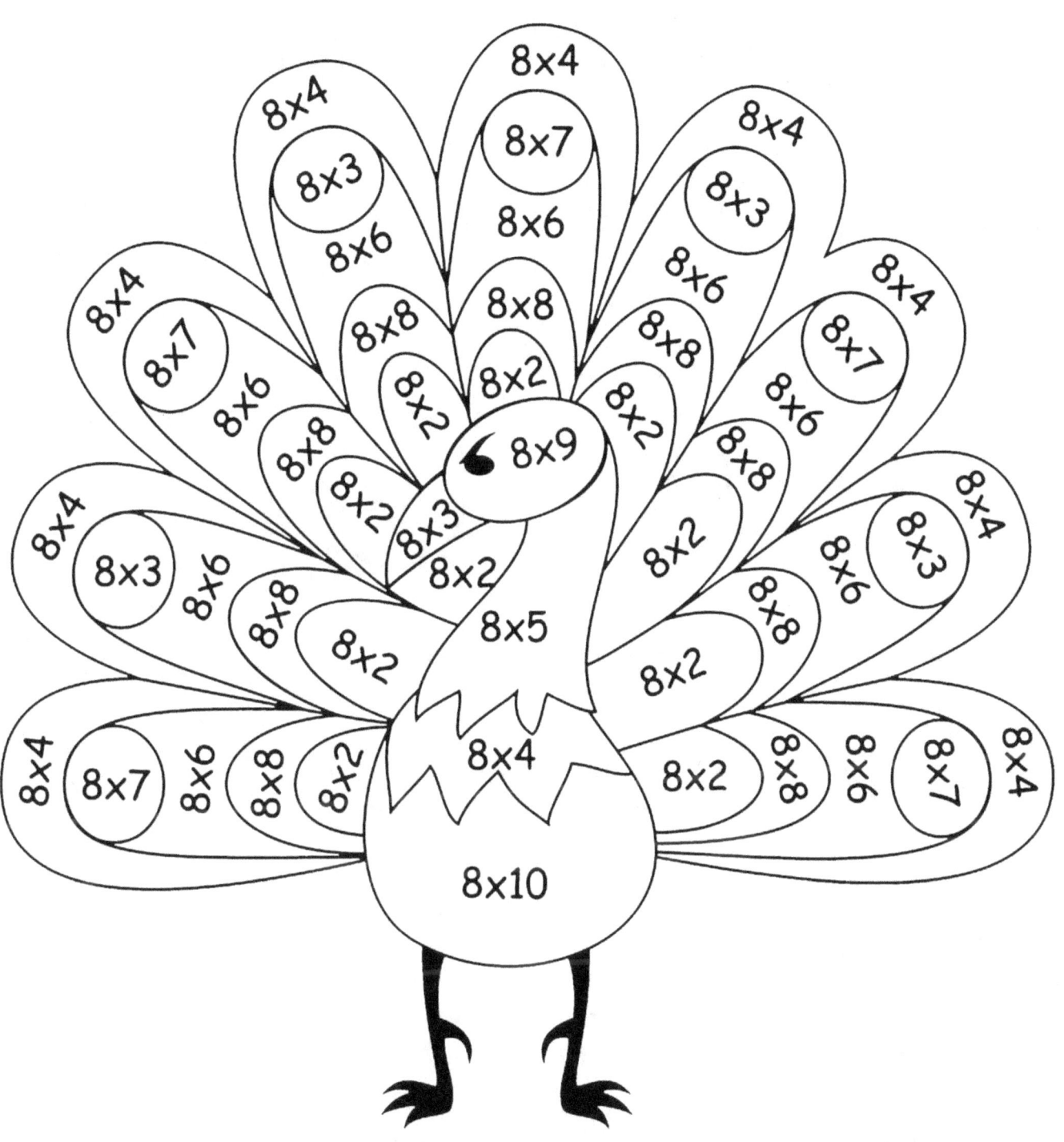

16=yellow, 24=red, 32=lime, 40=lime green, 48=Aqua
56=blue, 64=magenta, 72=purple, 80=dark orange

Test Your Color

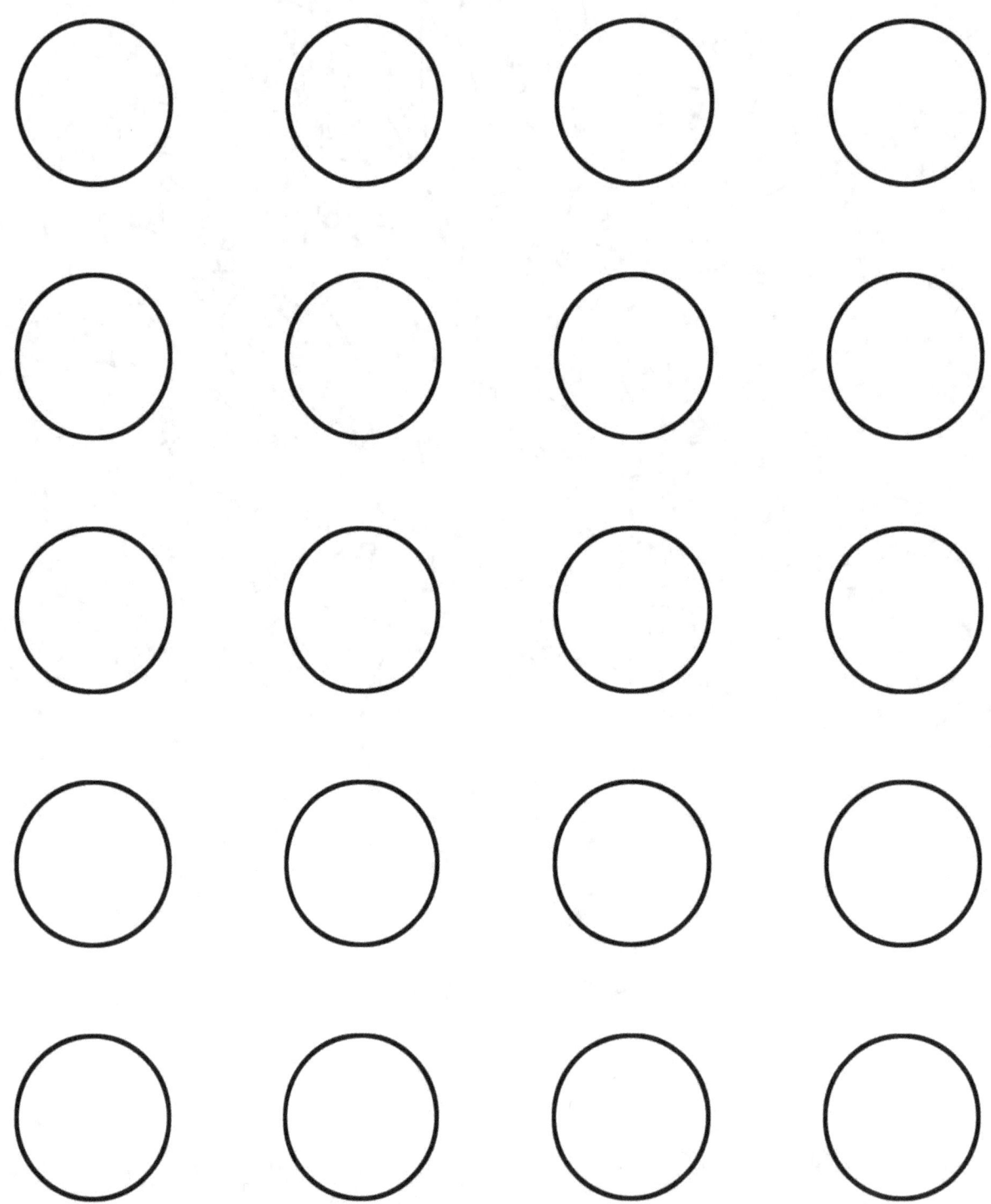

Test Your Color

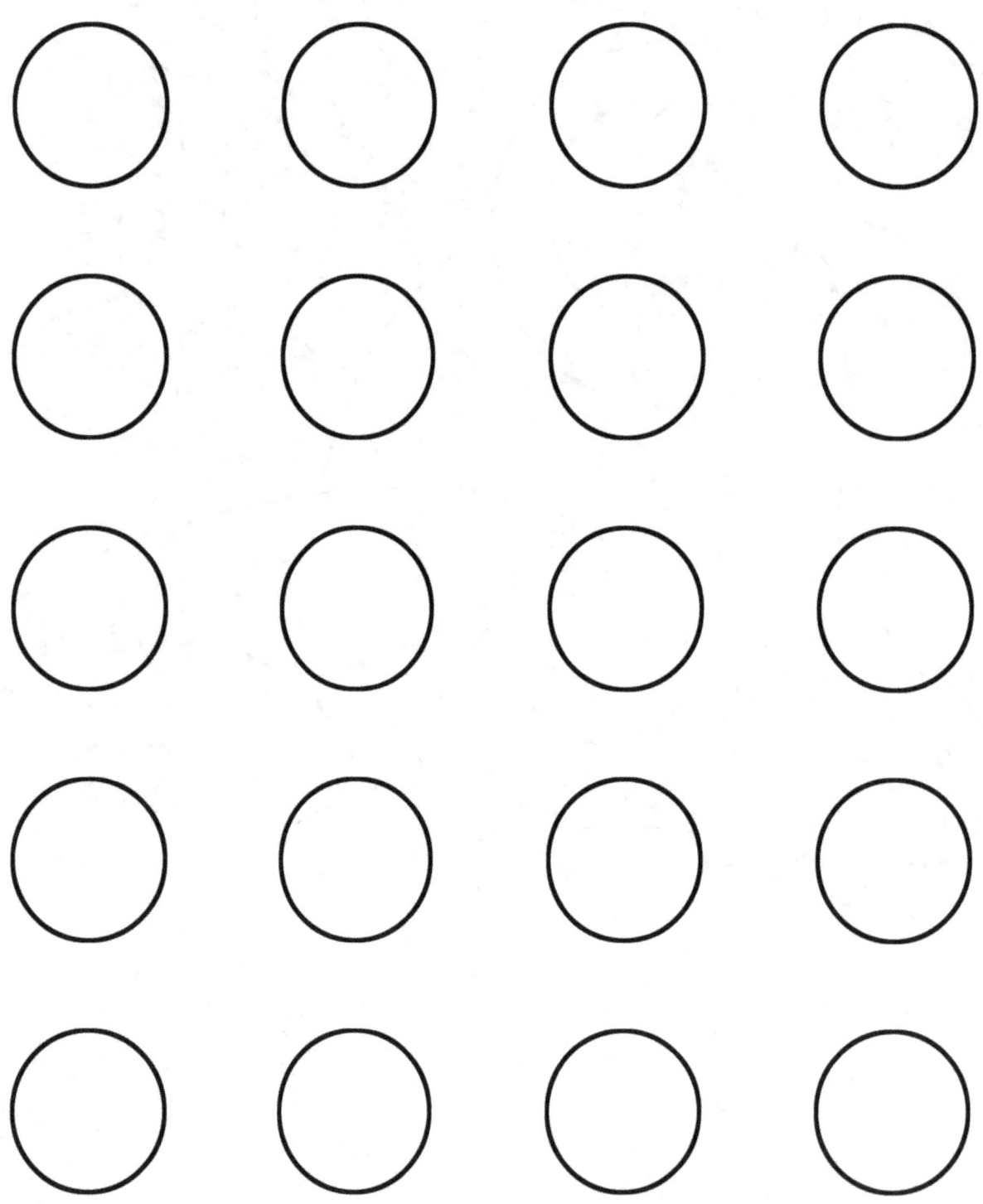

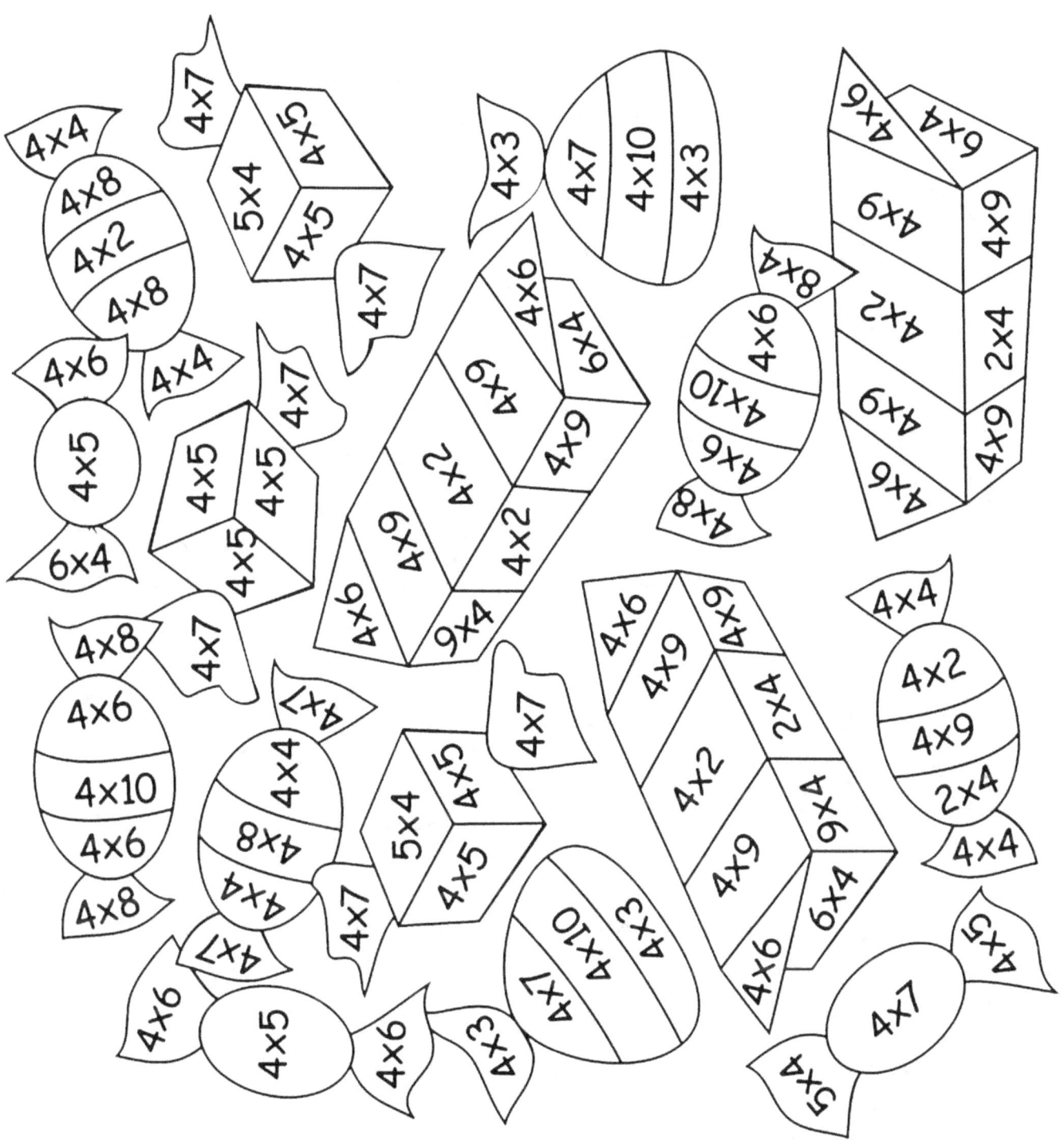

8=yellow, 12=red, 16=lime, 20=orange, 24=aqua
28=blue, 32=magenta, 36=black, 40=white

Test Your Color

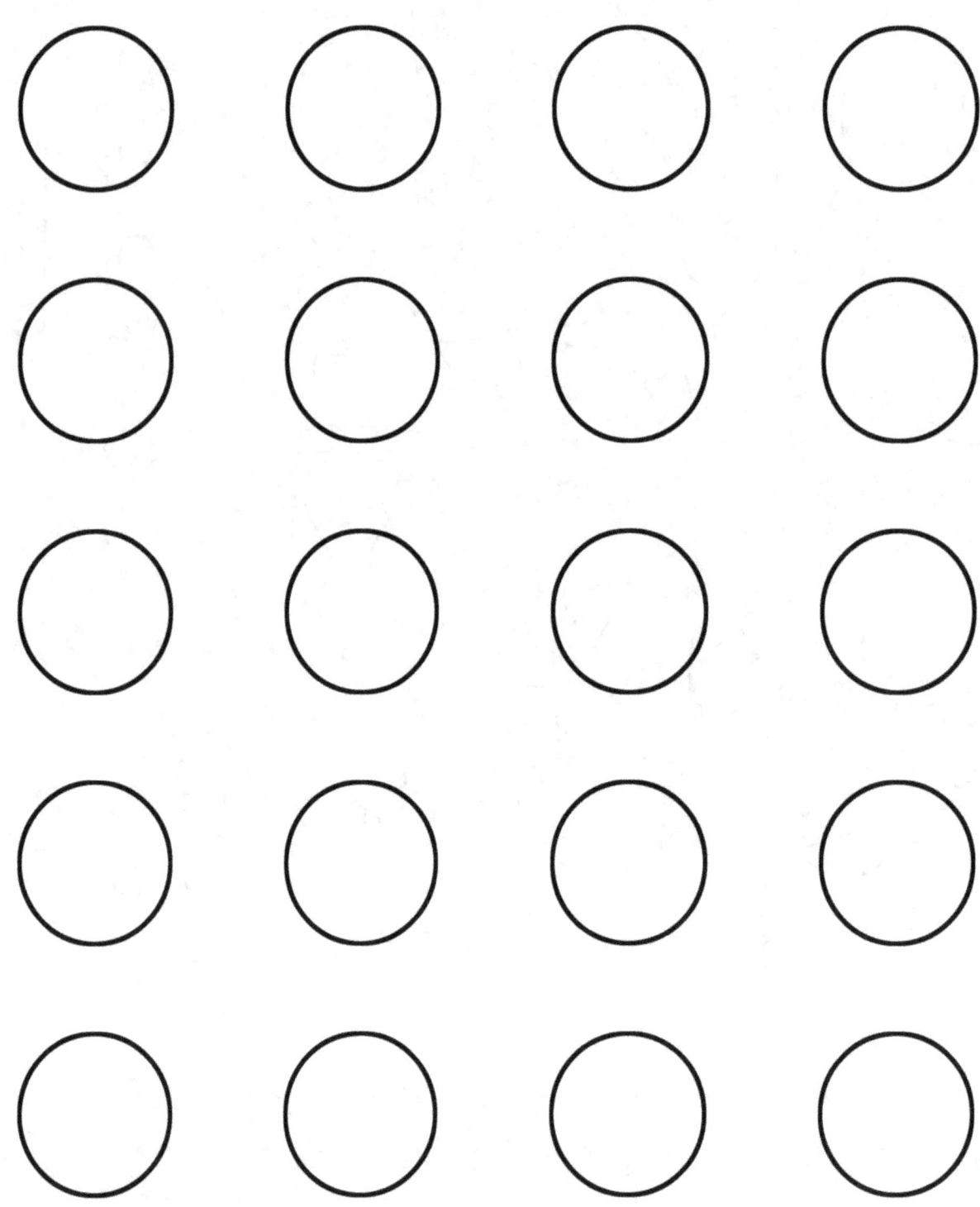

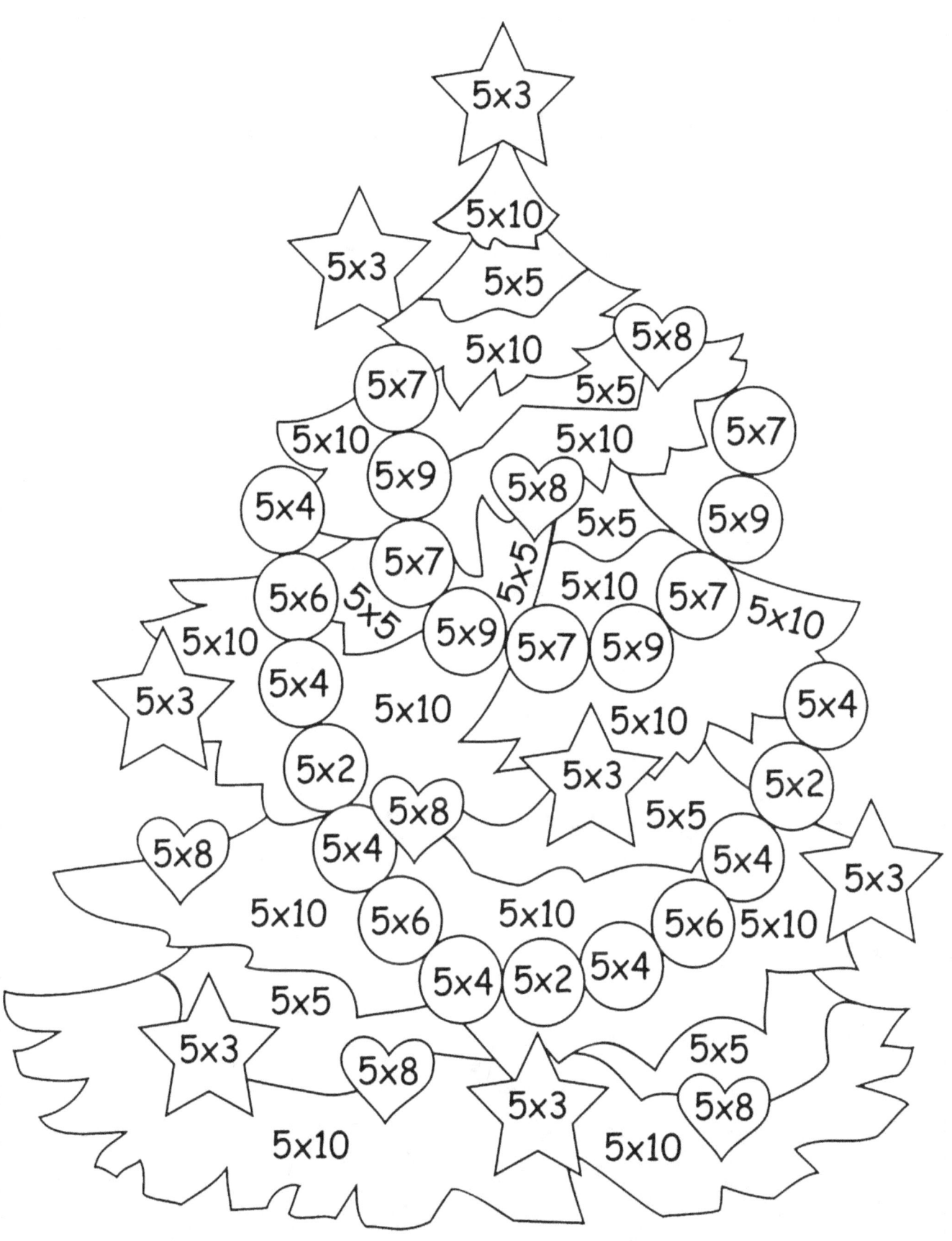

10=yellow, 15=red, 20=dark orchid, 25=lime green, 30=aqua
35=blue, 40=magenta, 45=orange, 50=lime

Test Your Color

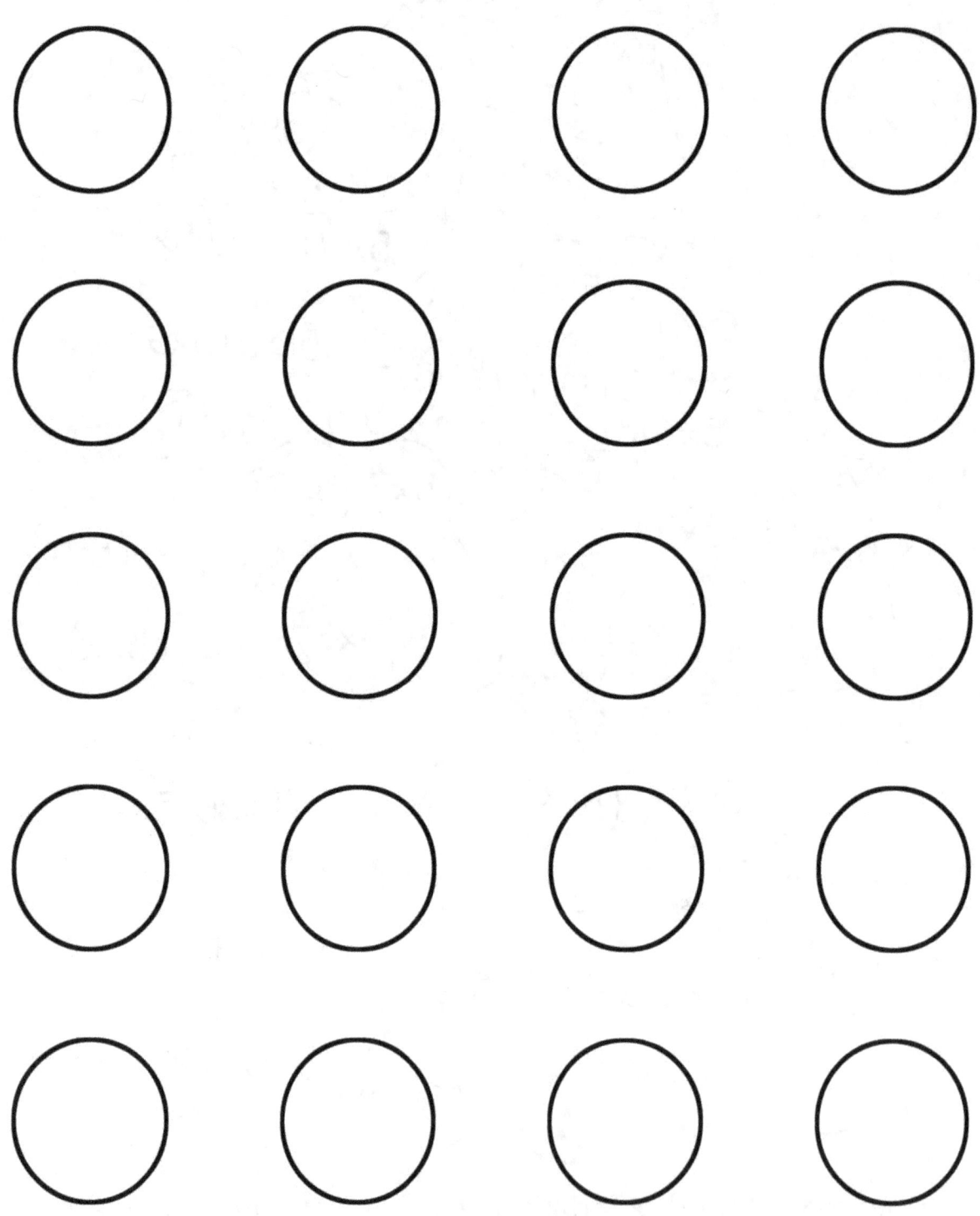

14:7=purple, 21:7=lime, 28:7=yellow, 35:7=magenta
42:7=aqua, 49:7=red, 56:7=teal, 63:7=orange, 70:7=blue

Test Your Color

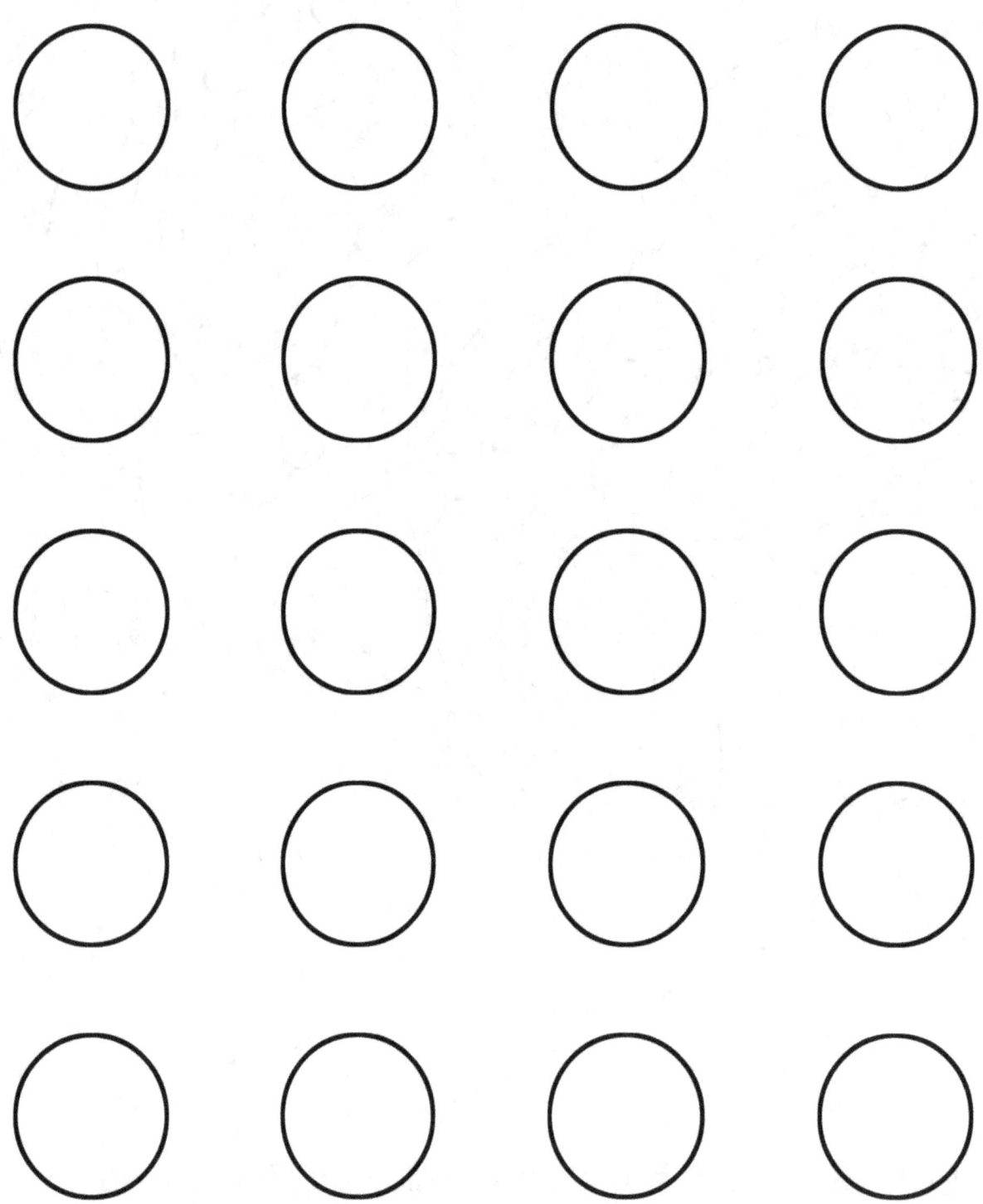

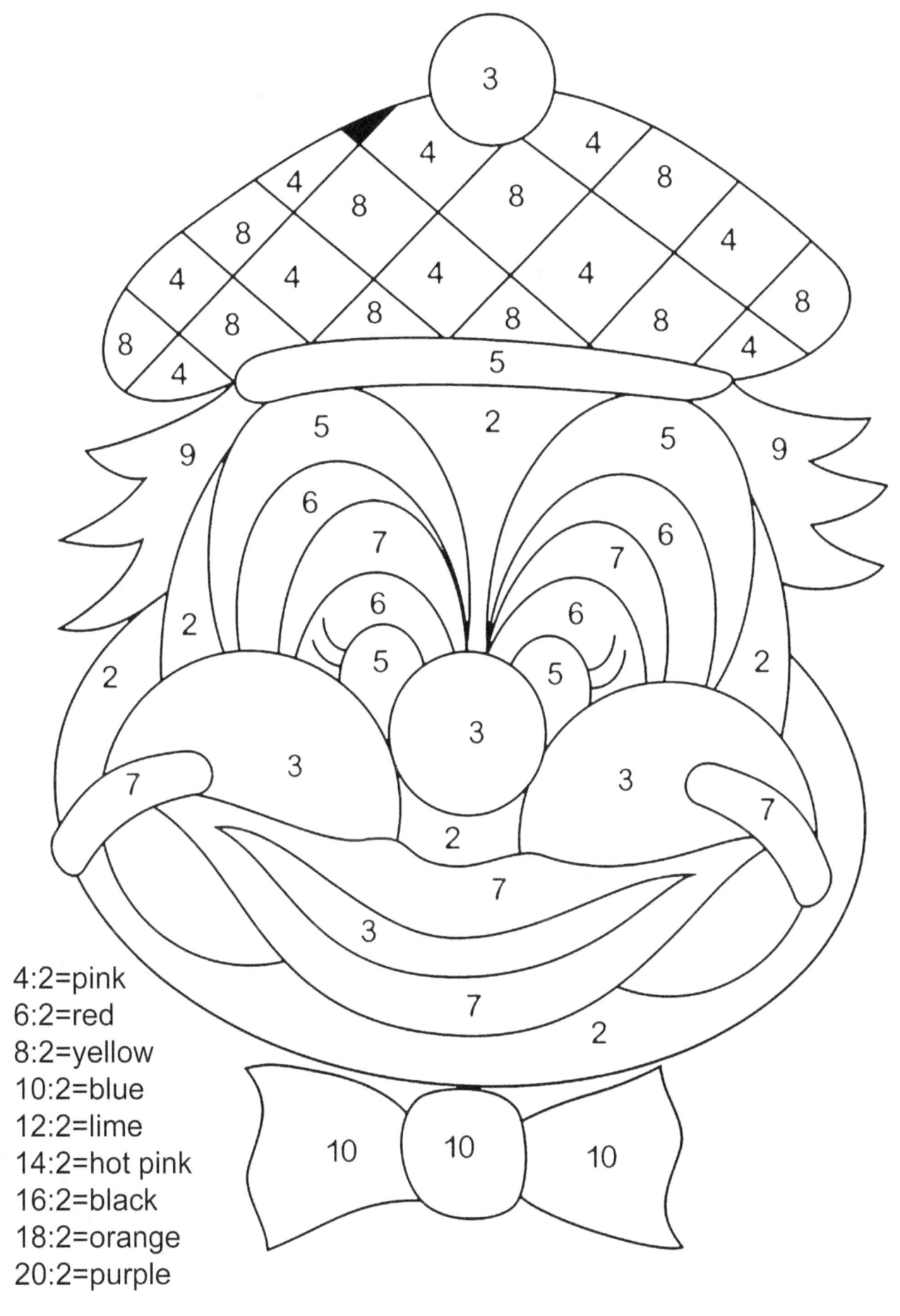

Test Your Color

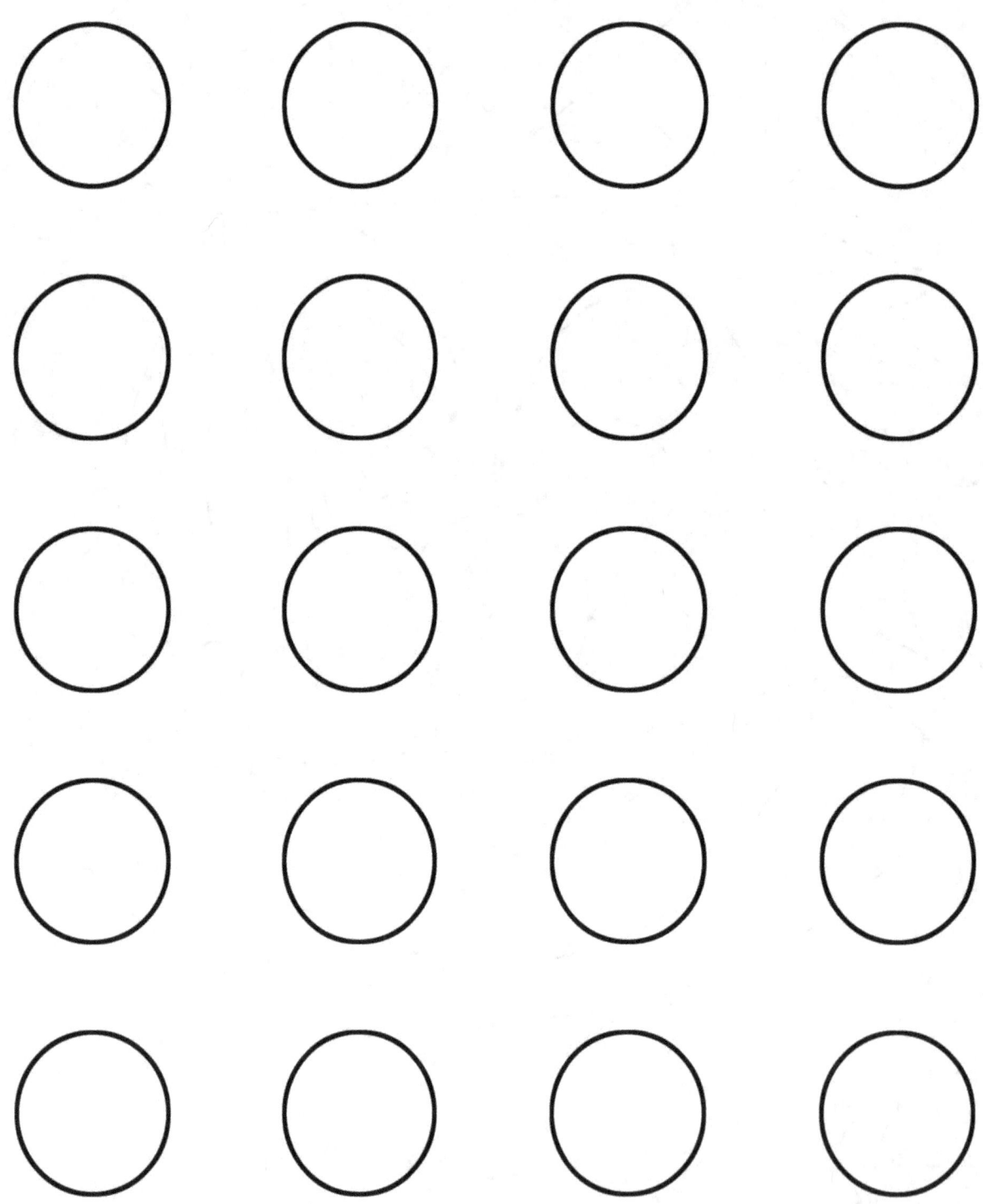

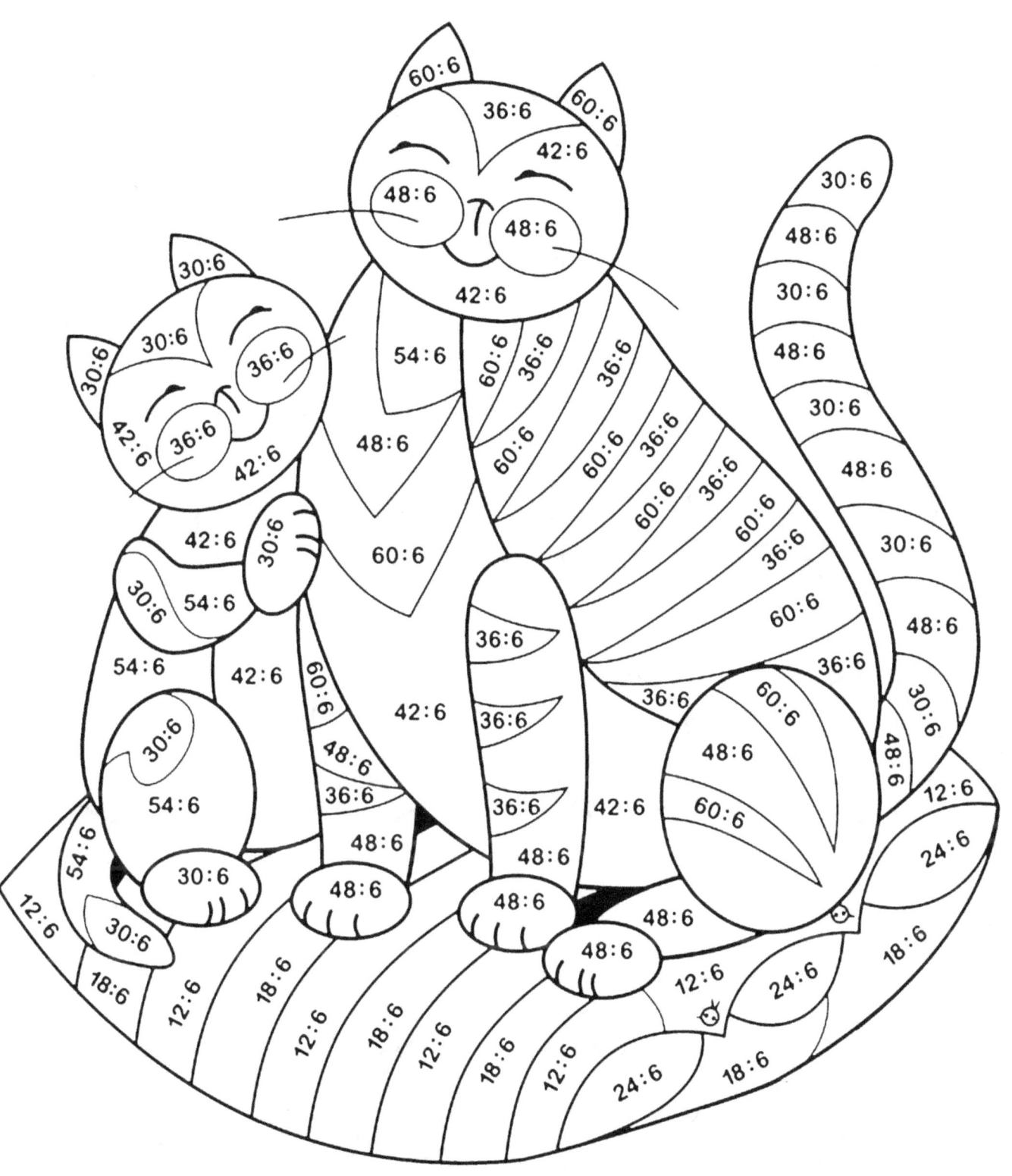

2=blue, 3=lime, 4=purple, 5=black, 6=red
7=yellow, 8=orange, 9=silver, 10=maroon

Test Your Color

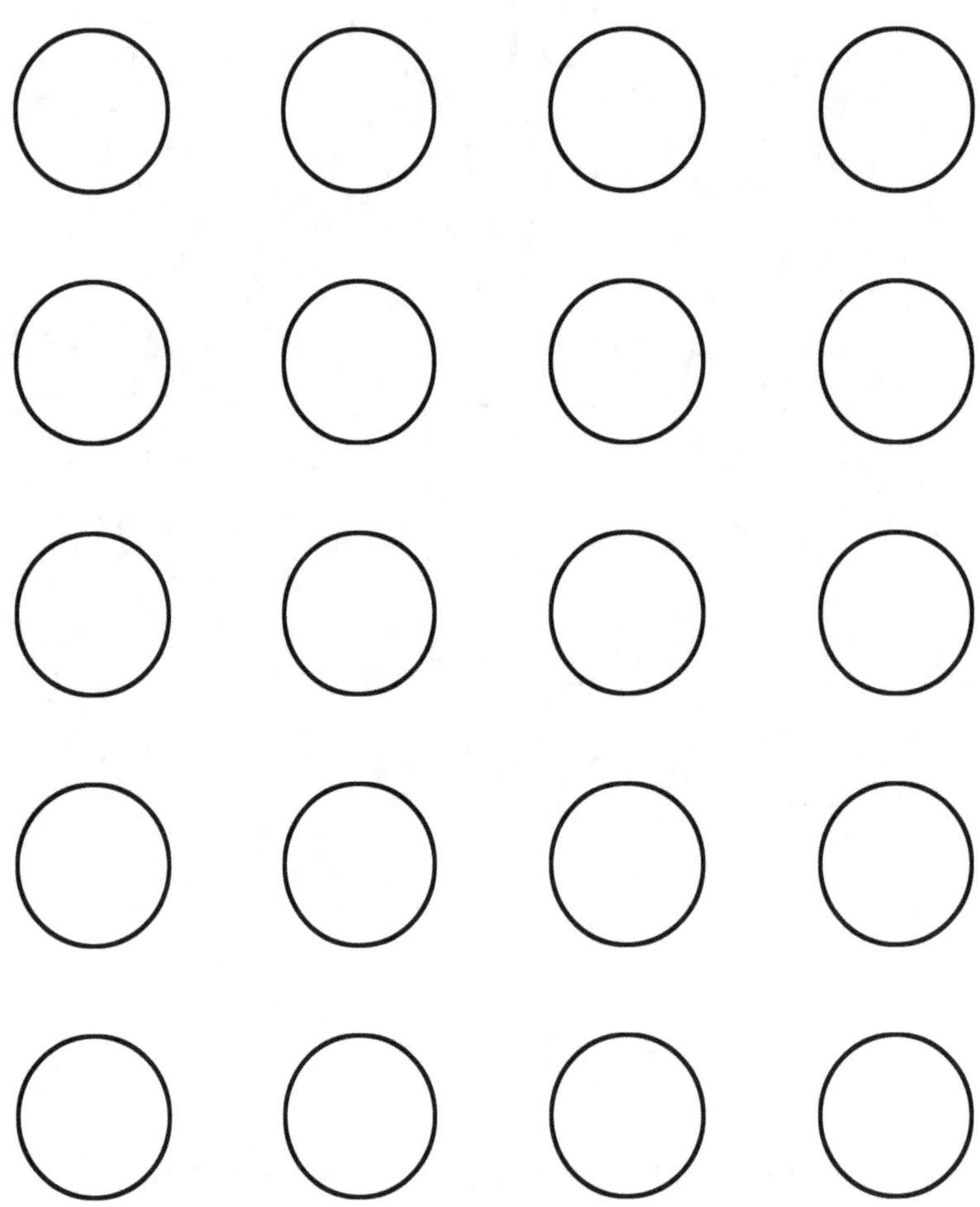

Test Your Color

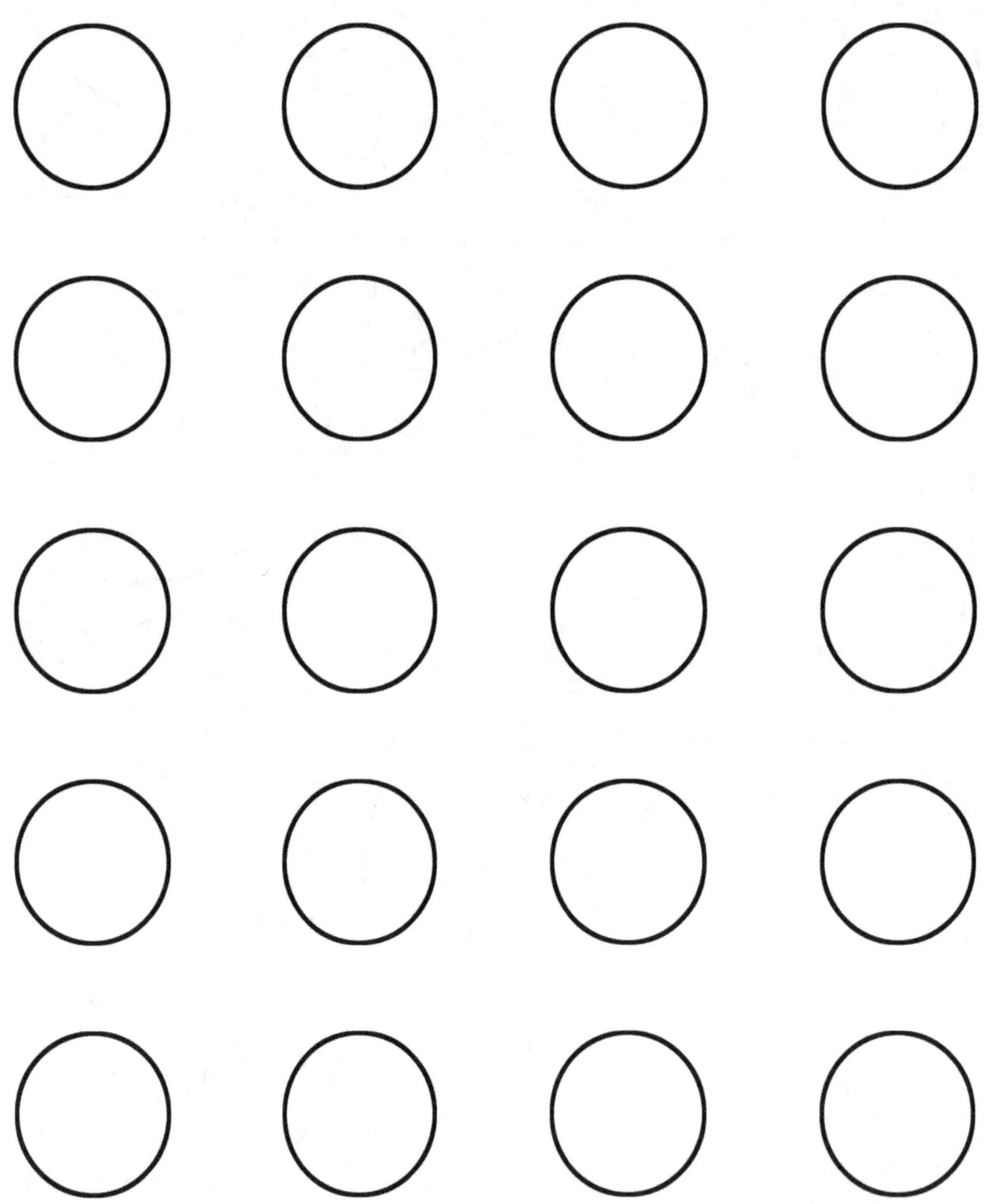

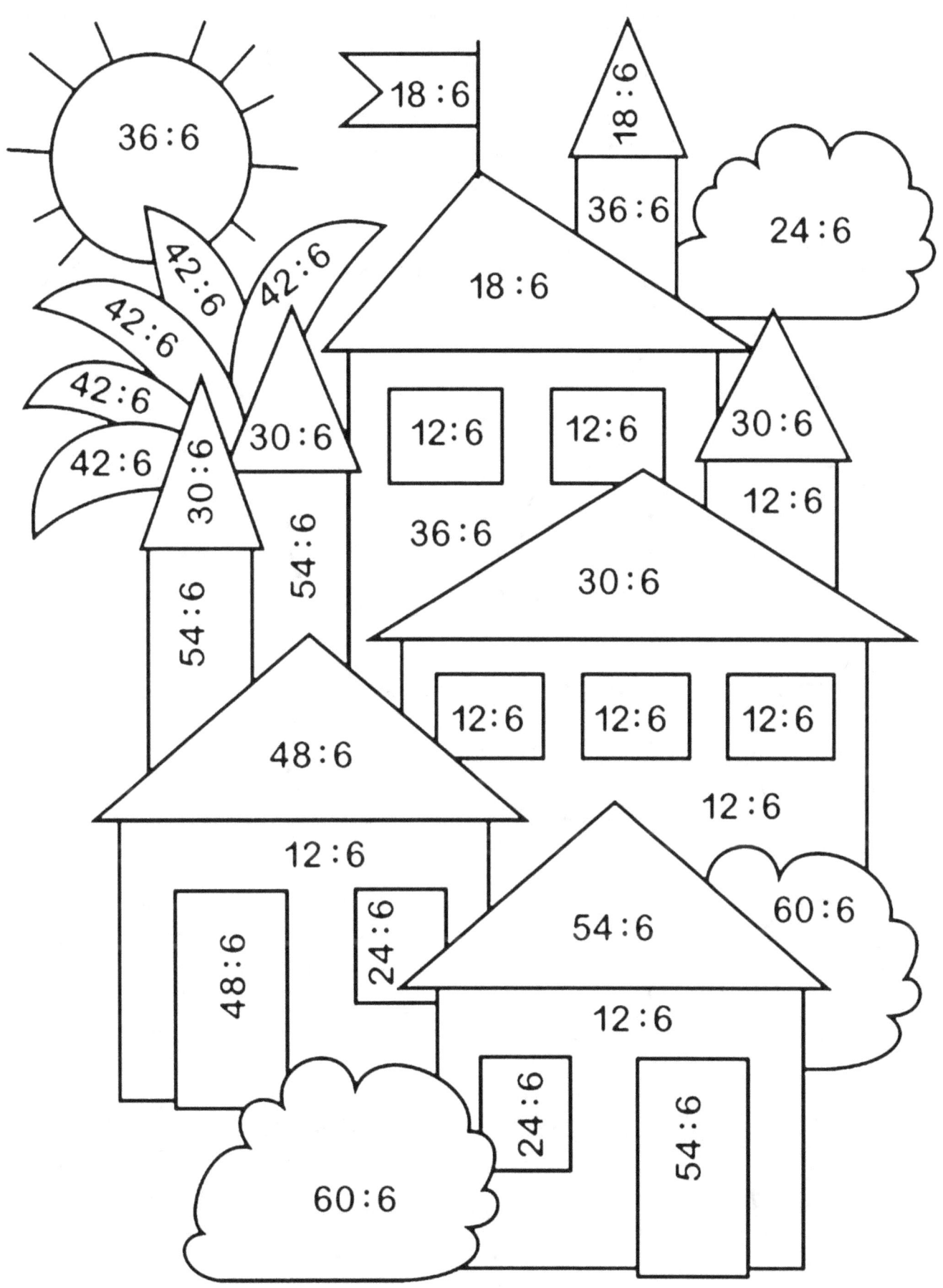

2=silver, 3=red, 4=aqua, 5=maroon, 6=yellow, 7=lime, 8=purple, 9=magenta, 10=teal

Test Your Color

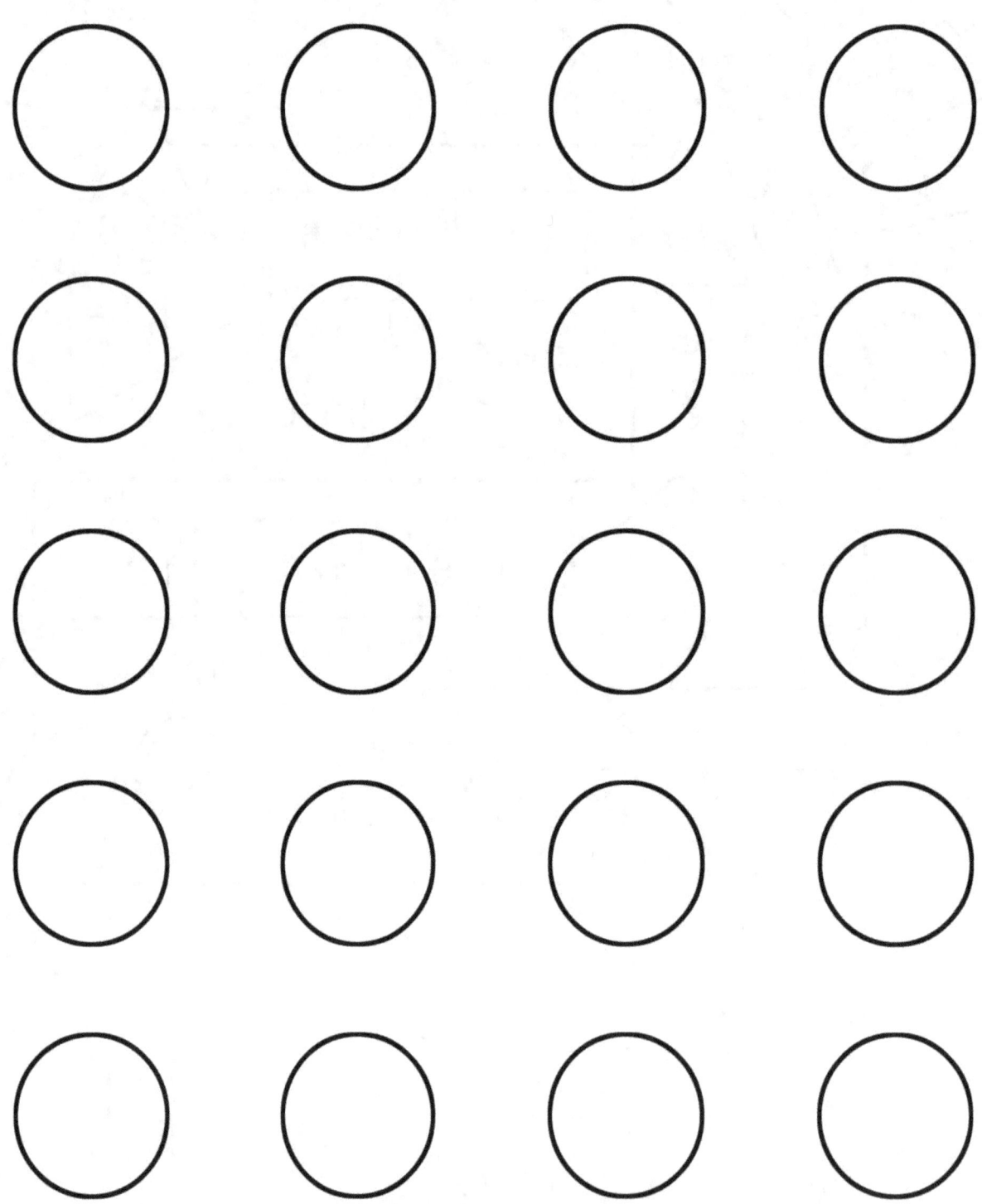

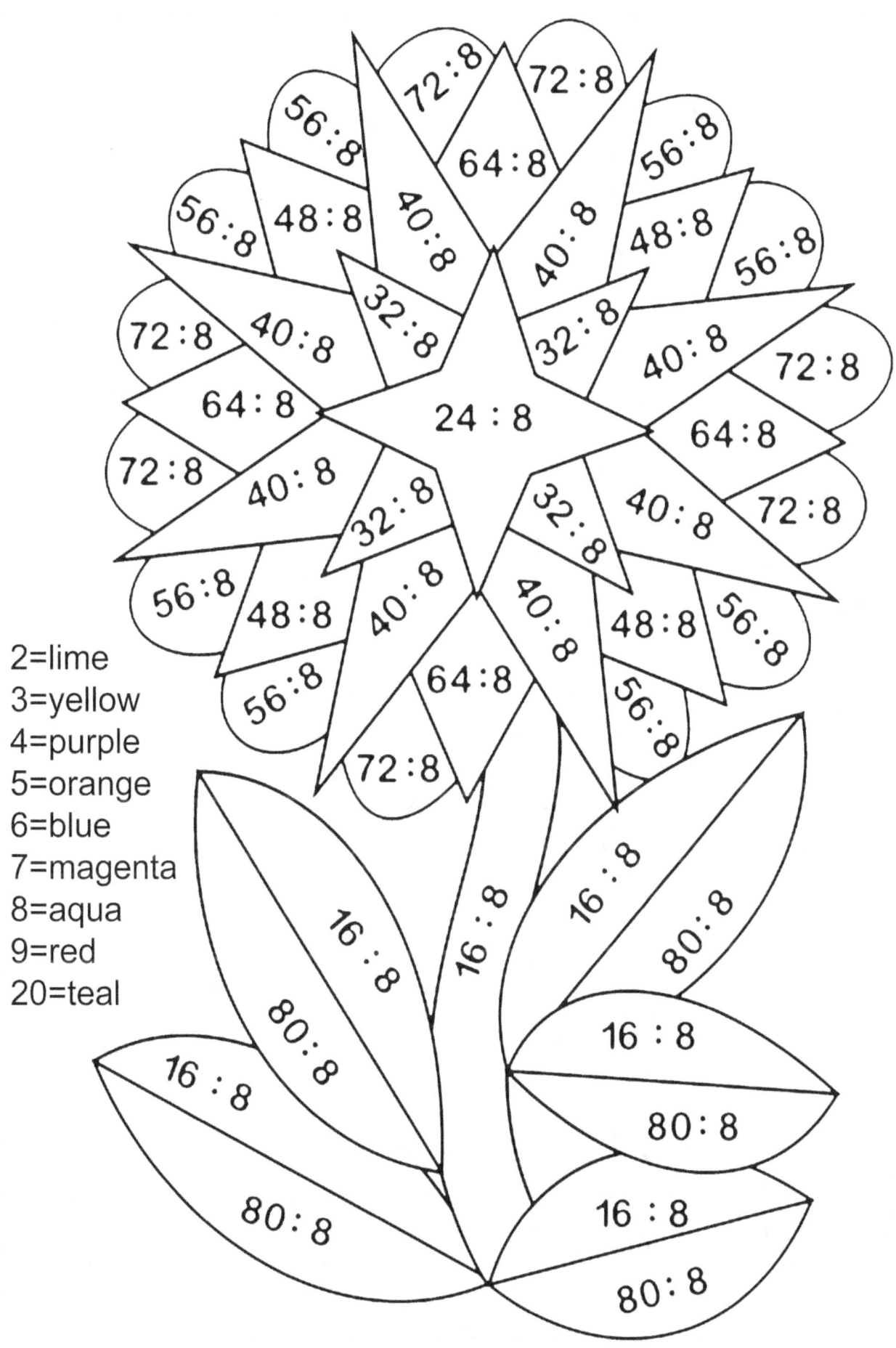

Test Your Color

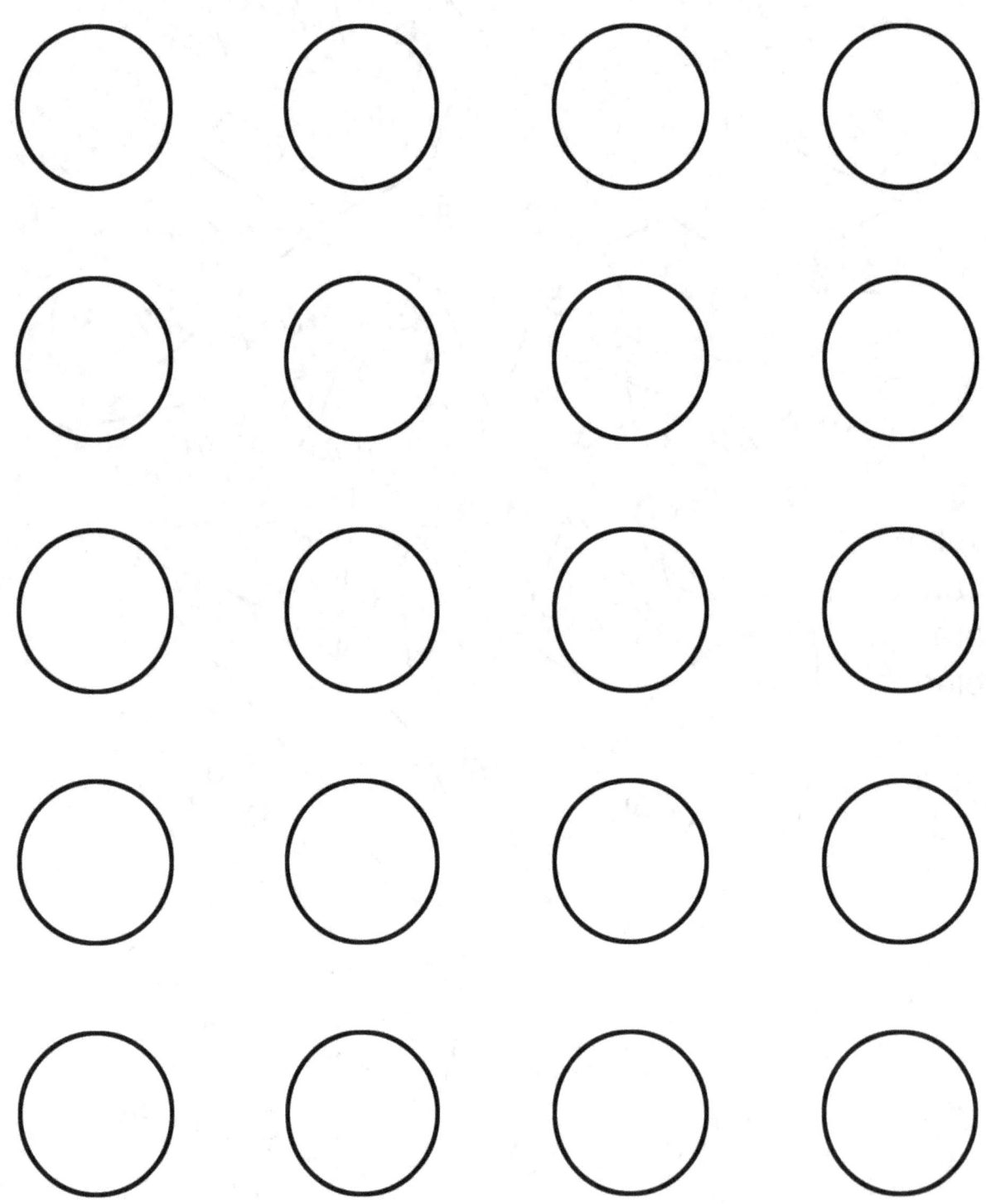

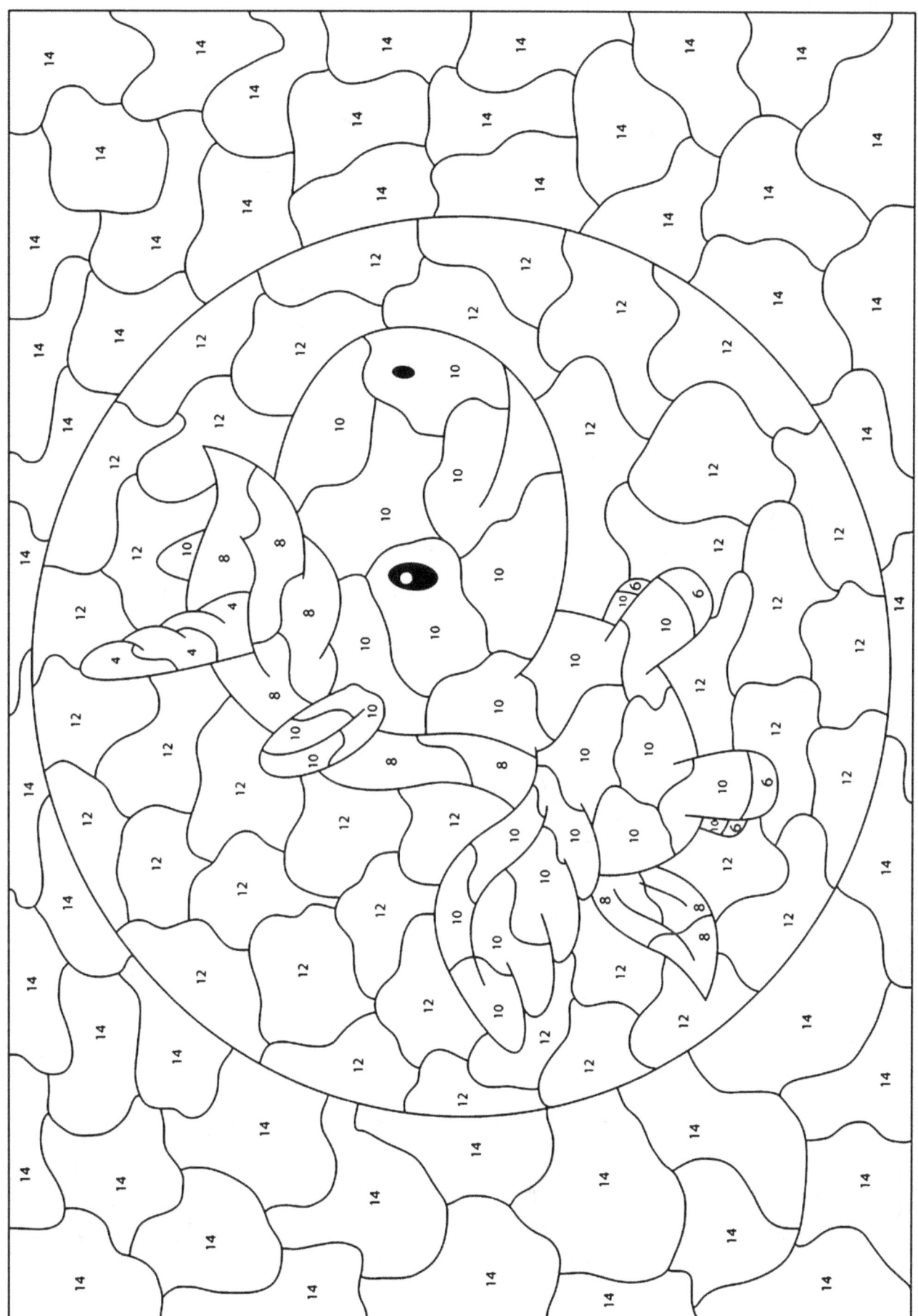

2x2=white smoke, 2x3=orange, 2x5=khaki, 2x6=light cyan, 2x7=medium purple, 2x4=plum

Test Your Color

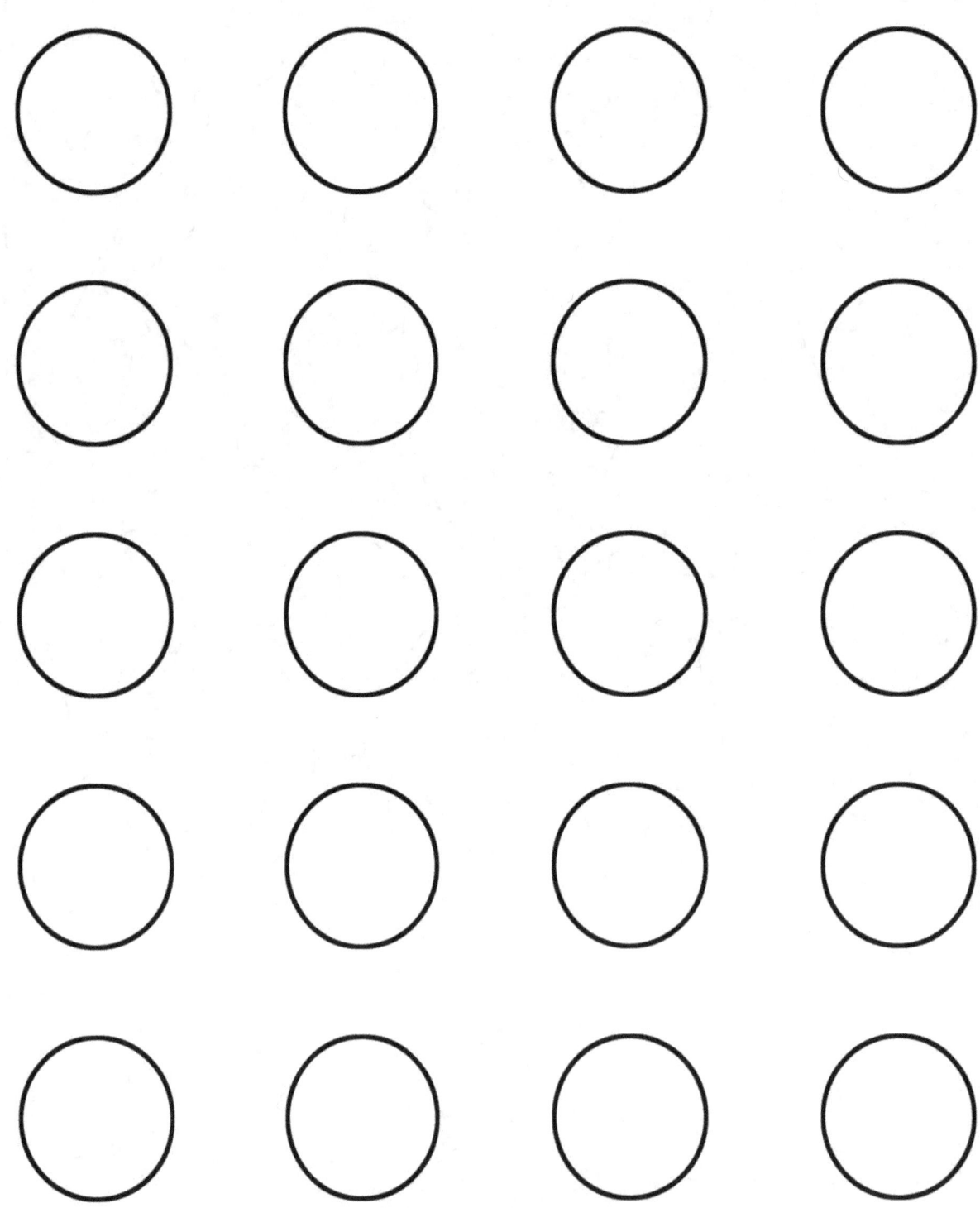

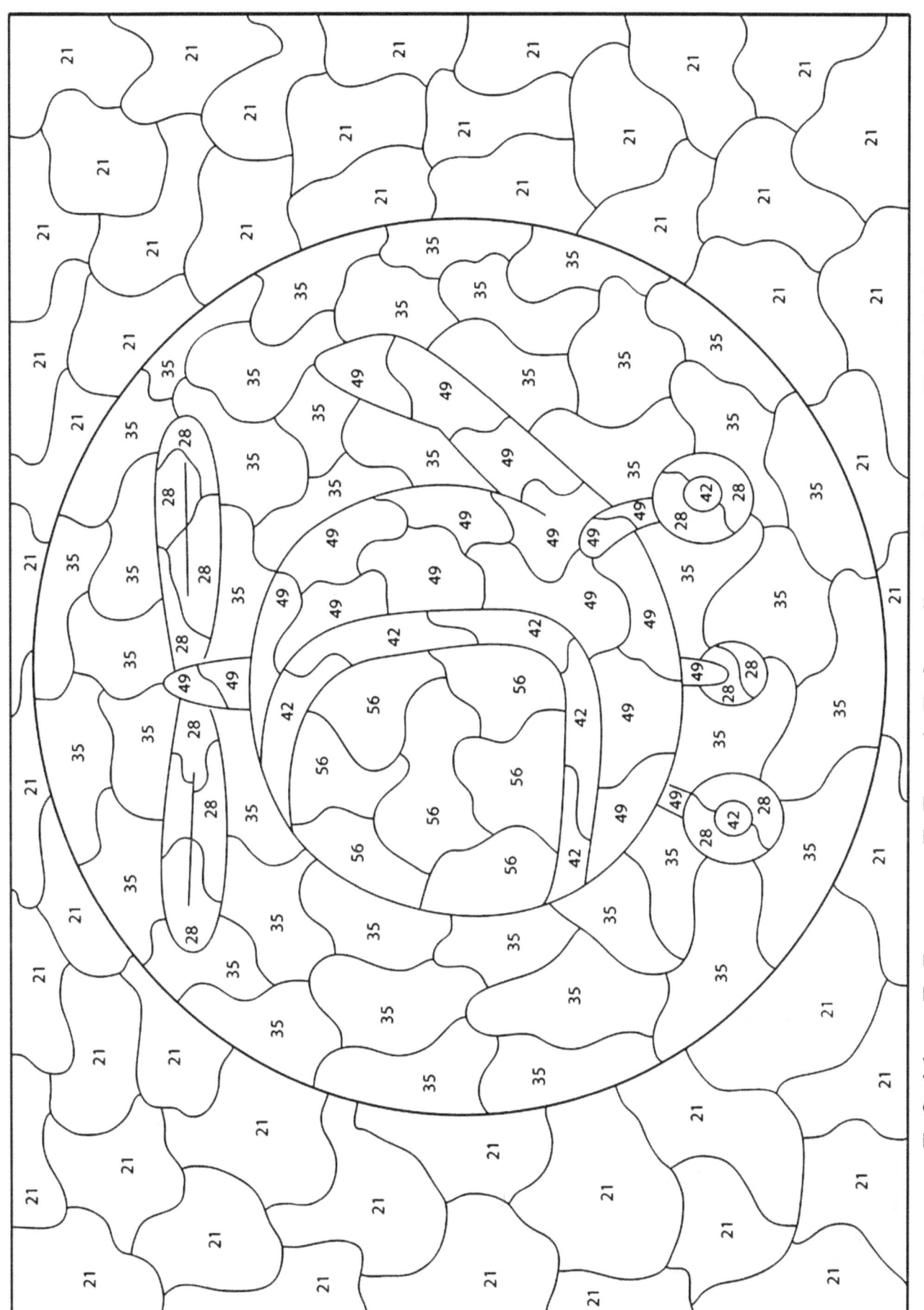

7x3=blue, 7x5=aqua, 7x7=red, 7x6=yellow, 7x4=gray, 7x8=light cyan

Test Your Color

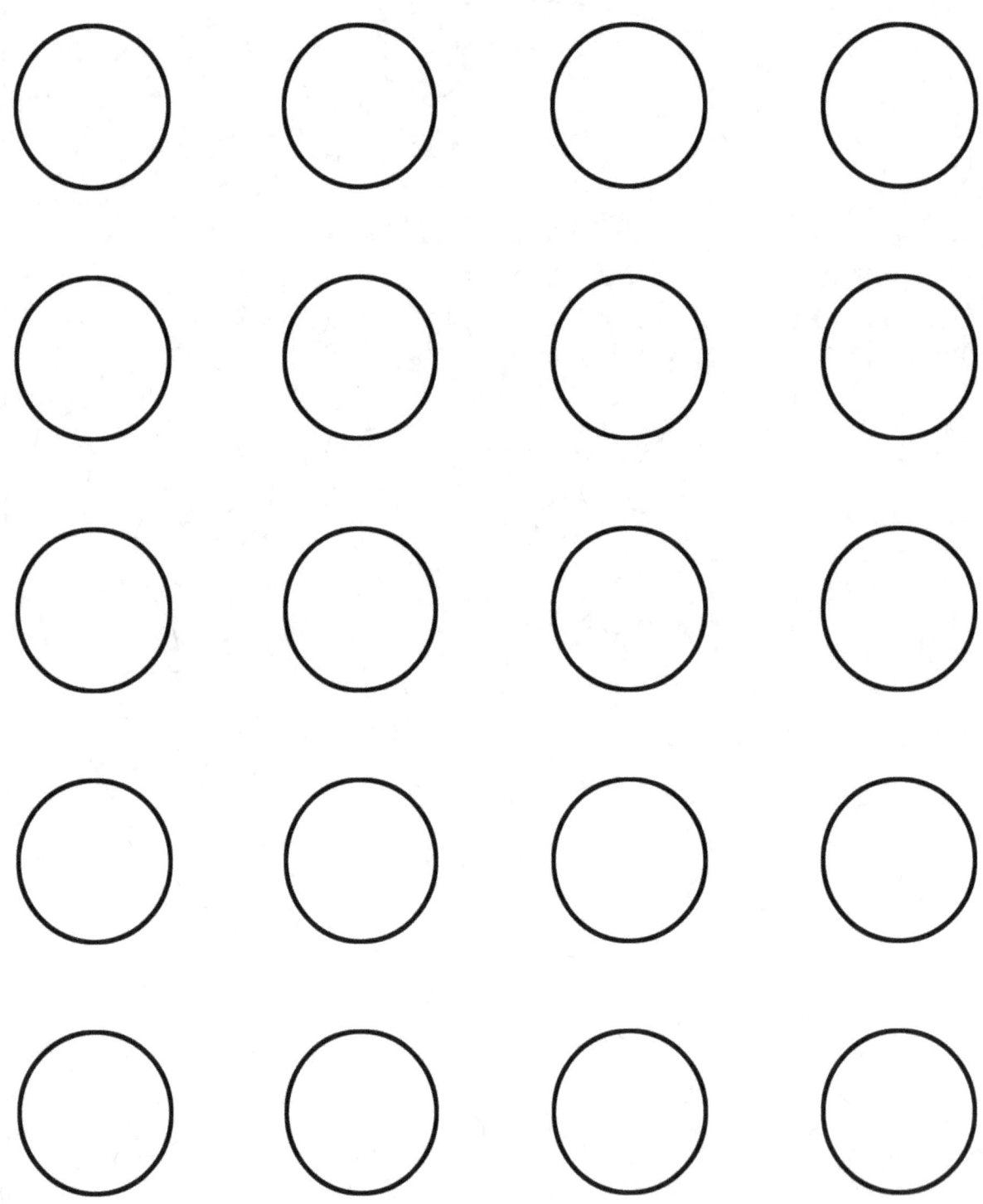

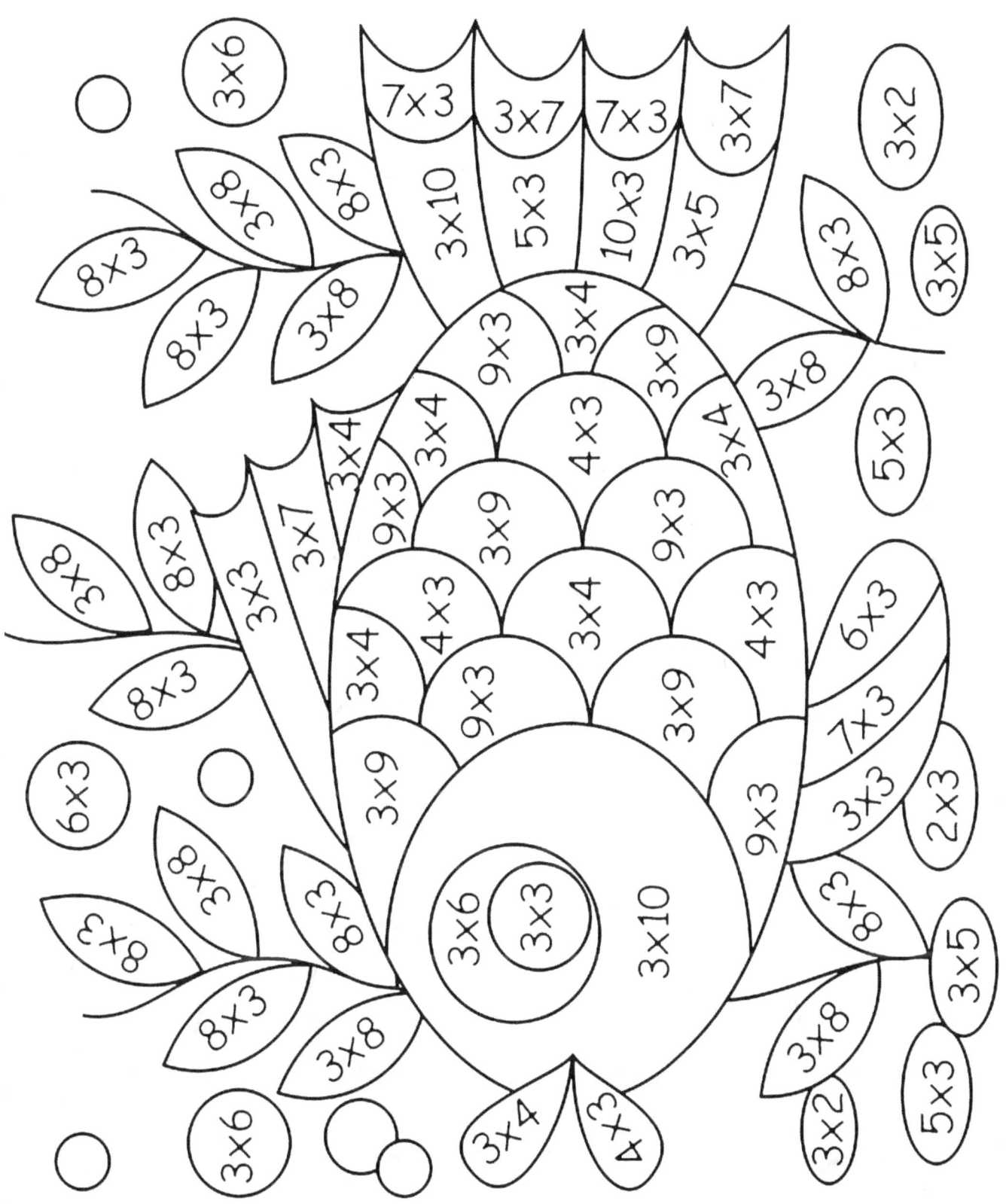

6=olive, 9=blue, 12=magenta, 15=gold, 18=aqua
21=magenta, 24=lime, 27=red, 30=yellow

Test Your Color

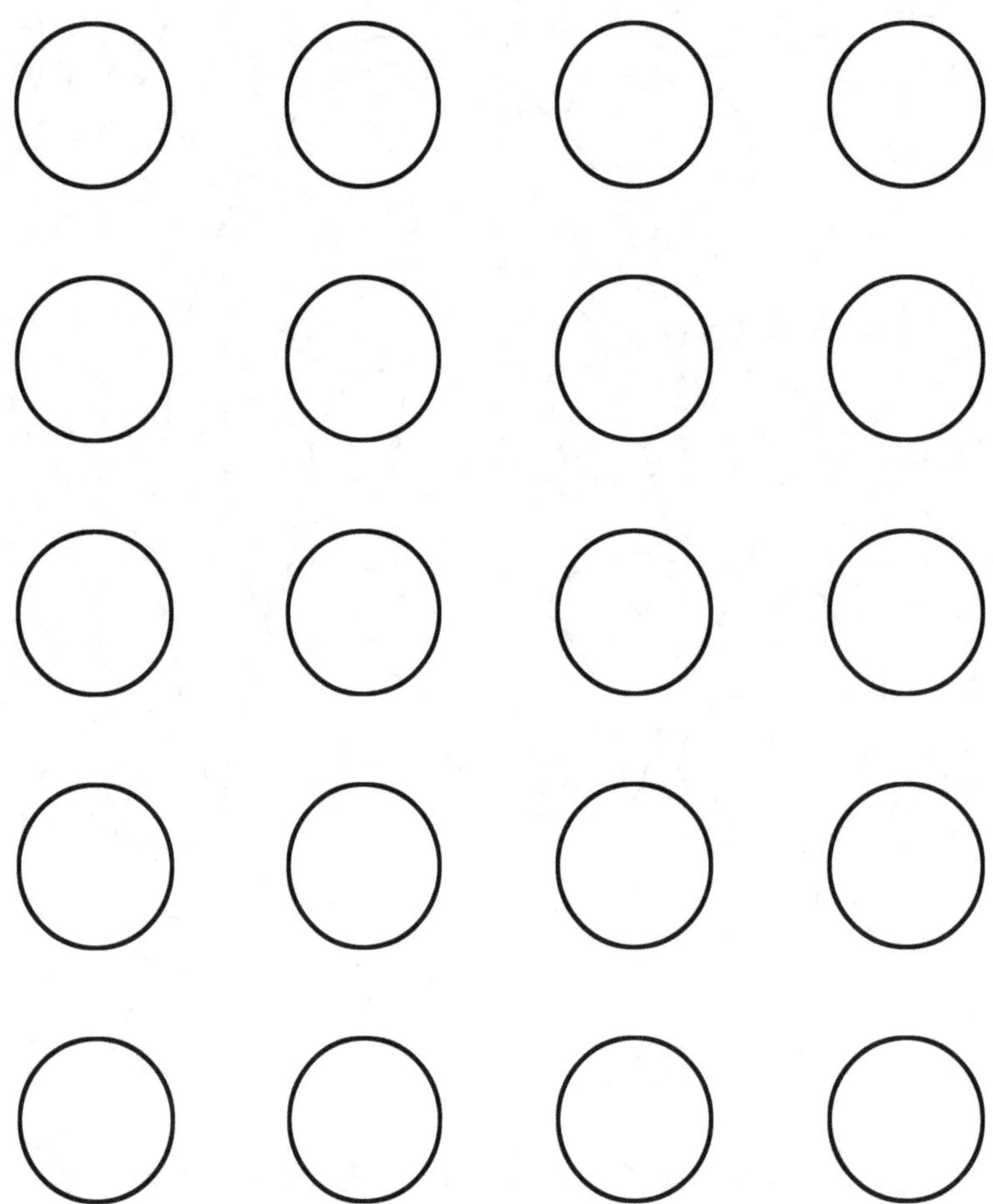

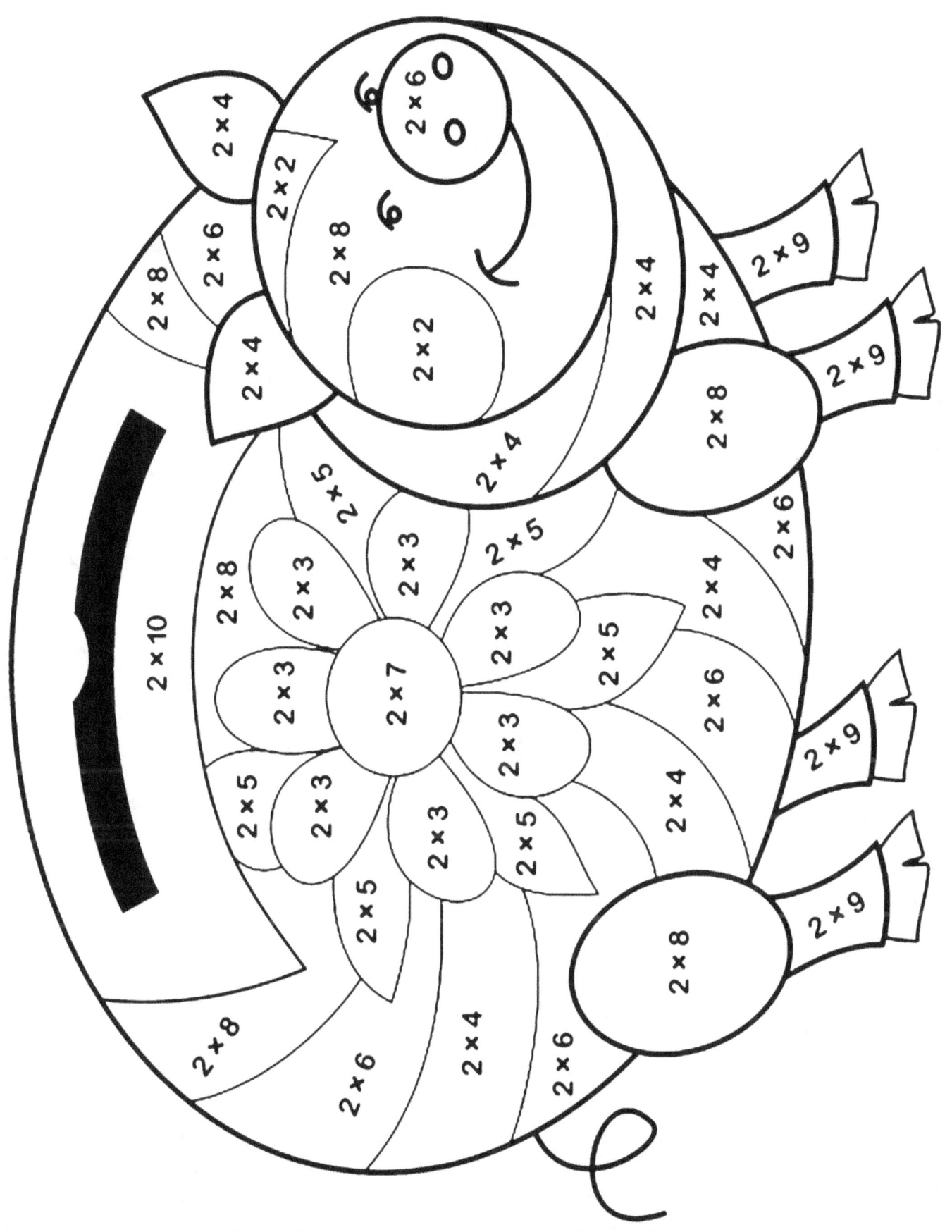

4=red, 6=yellow, 8=magenta, 10=lime, 12=orange
14=blue, 16=pink, 18=peru, 20=aqua

Test Your Color

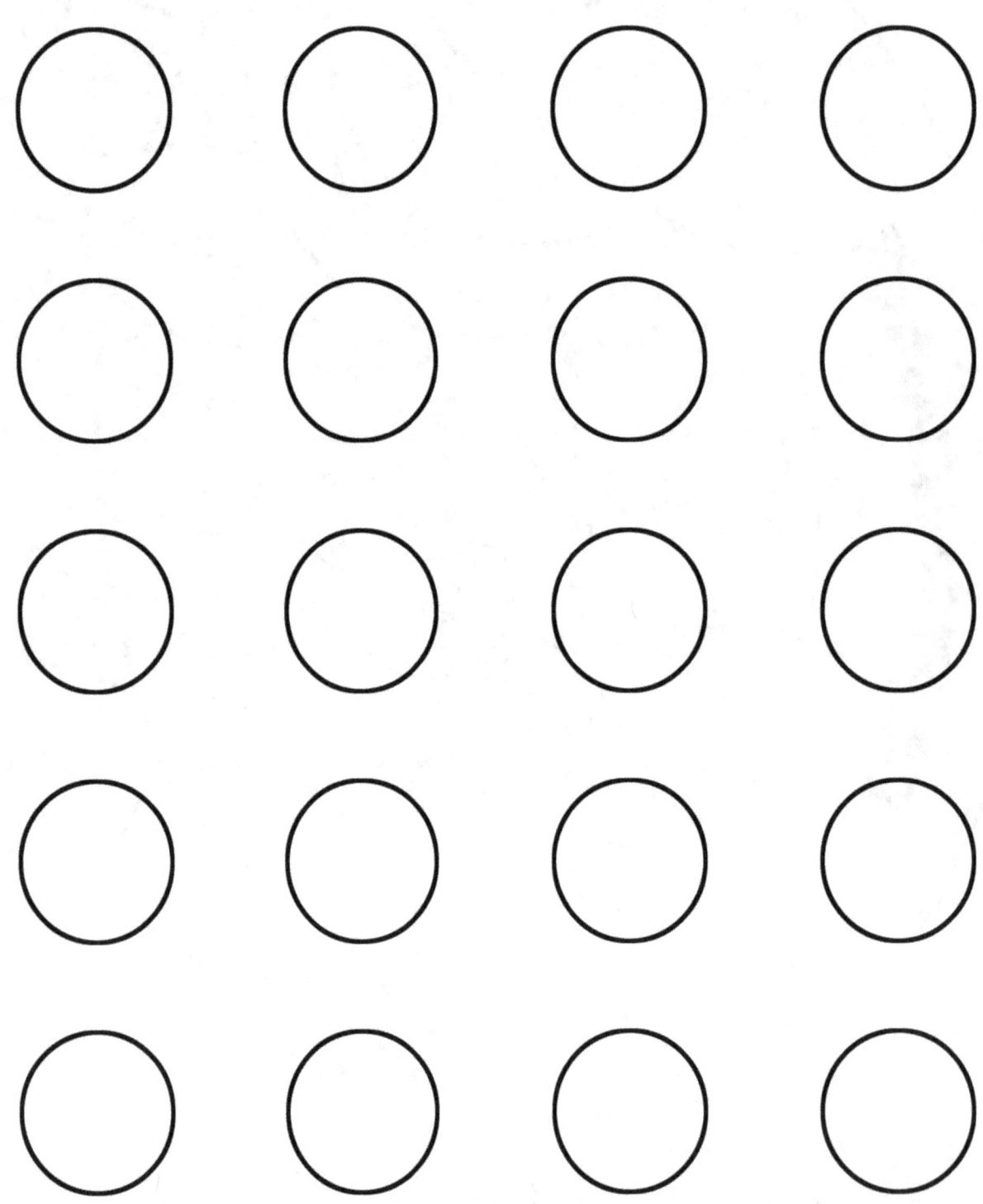

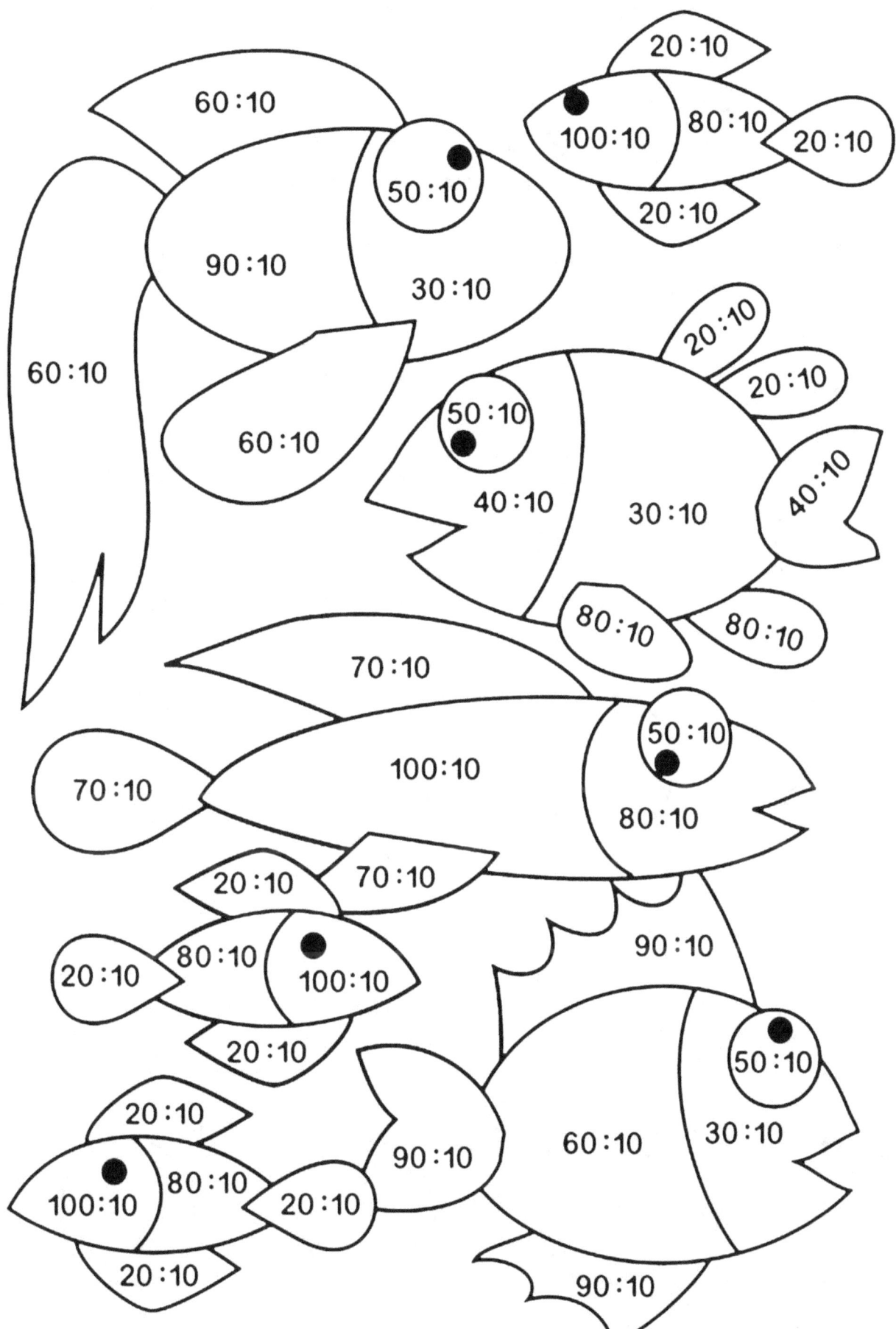

Test Your Color

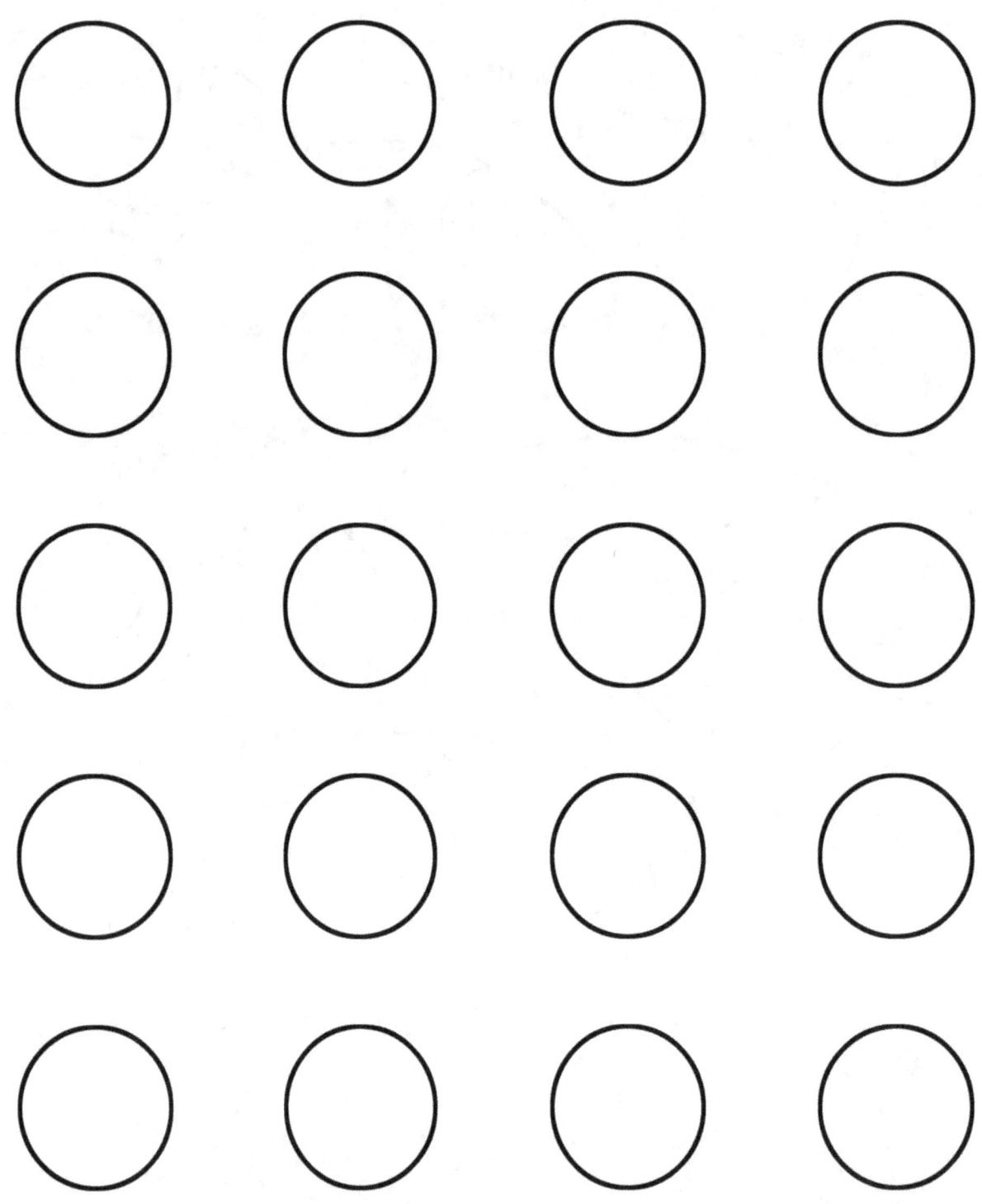

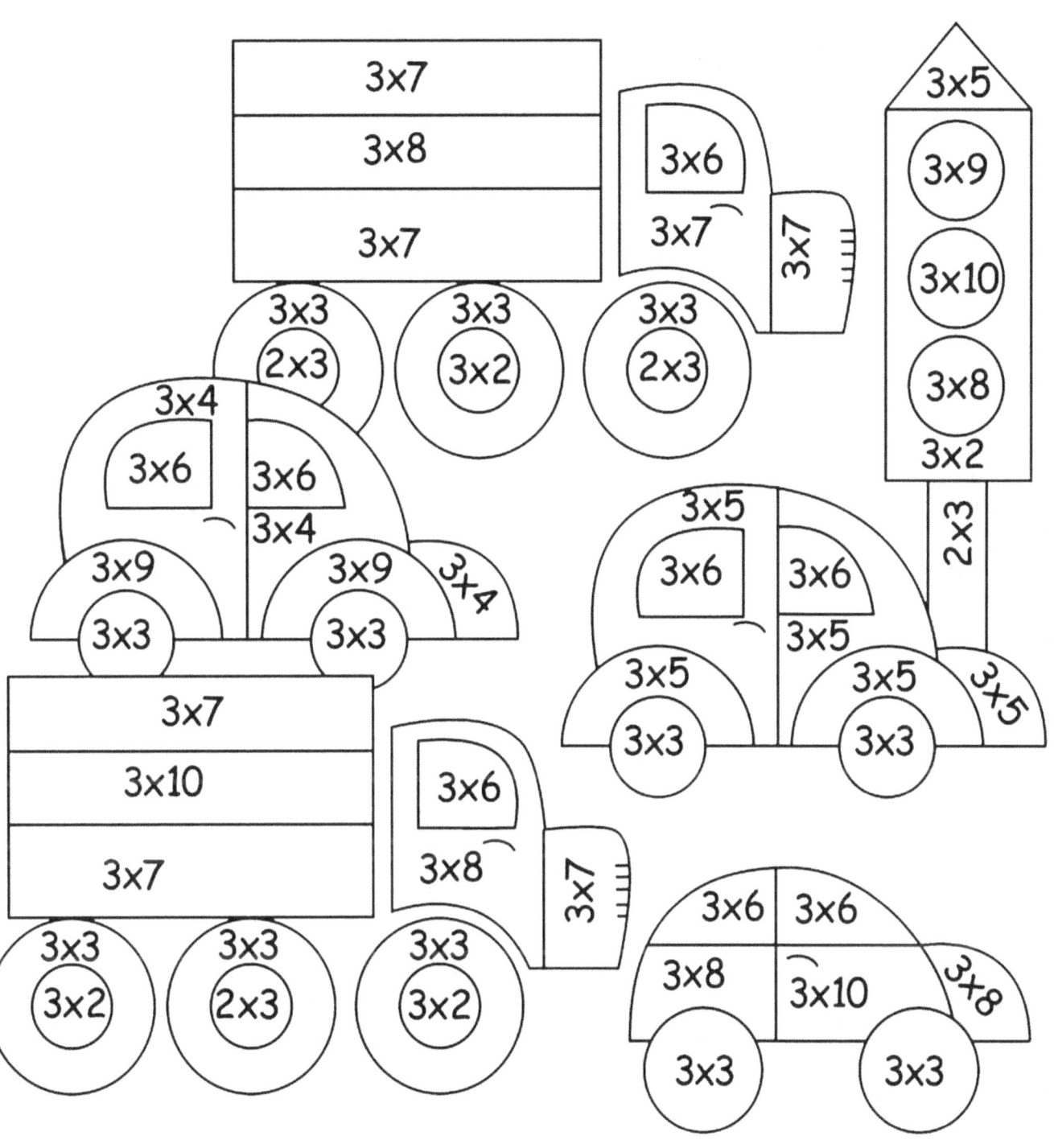

6=gray, 9=black, 12=magenta, 15=blue, 18=aqua
21=green, 24=lime, 27=red, 30=yellow

Test Your Color

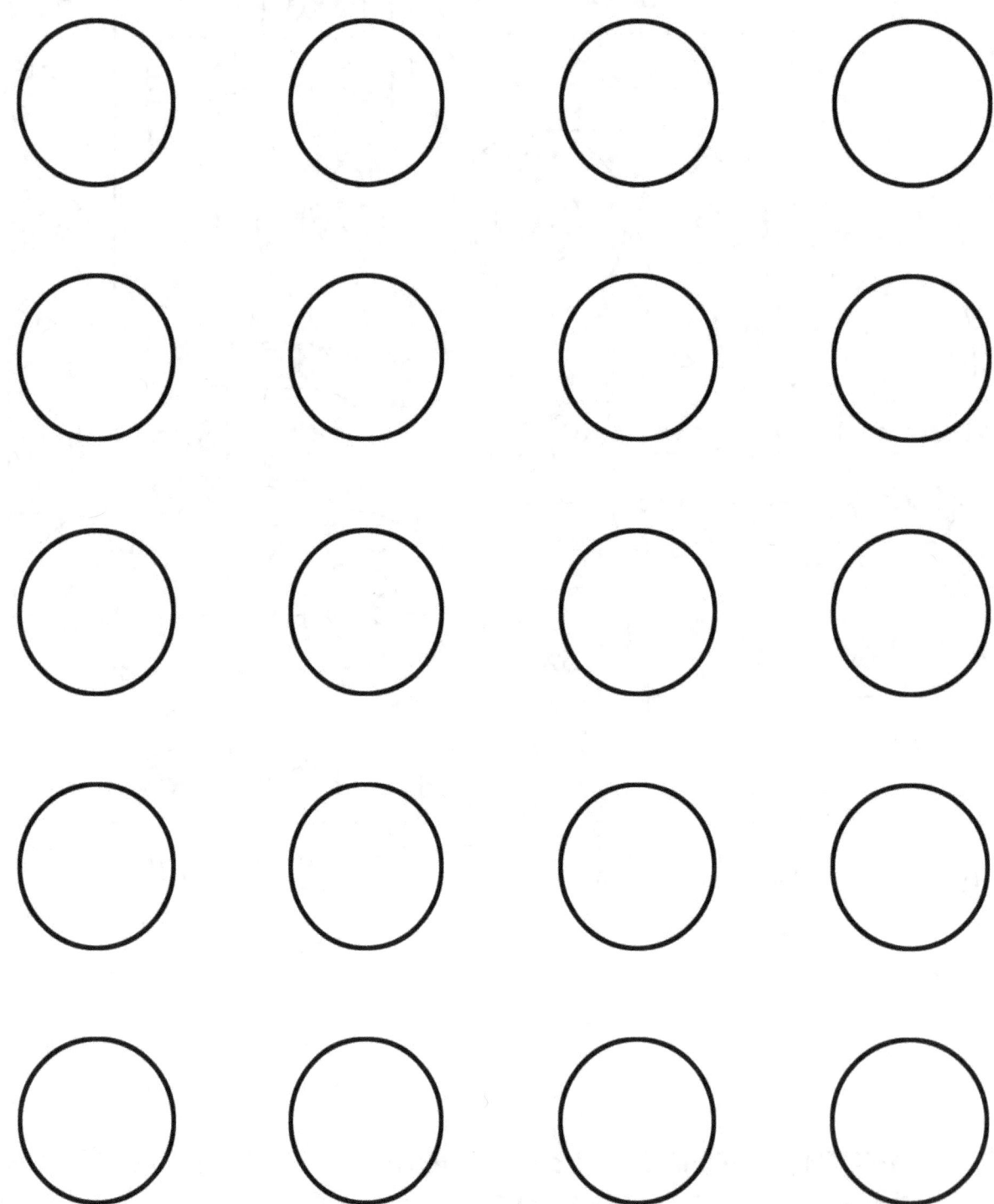

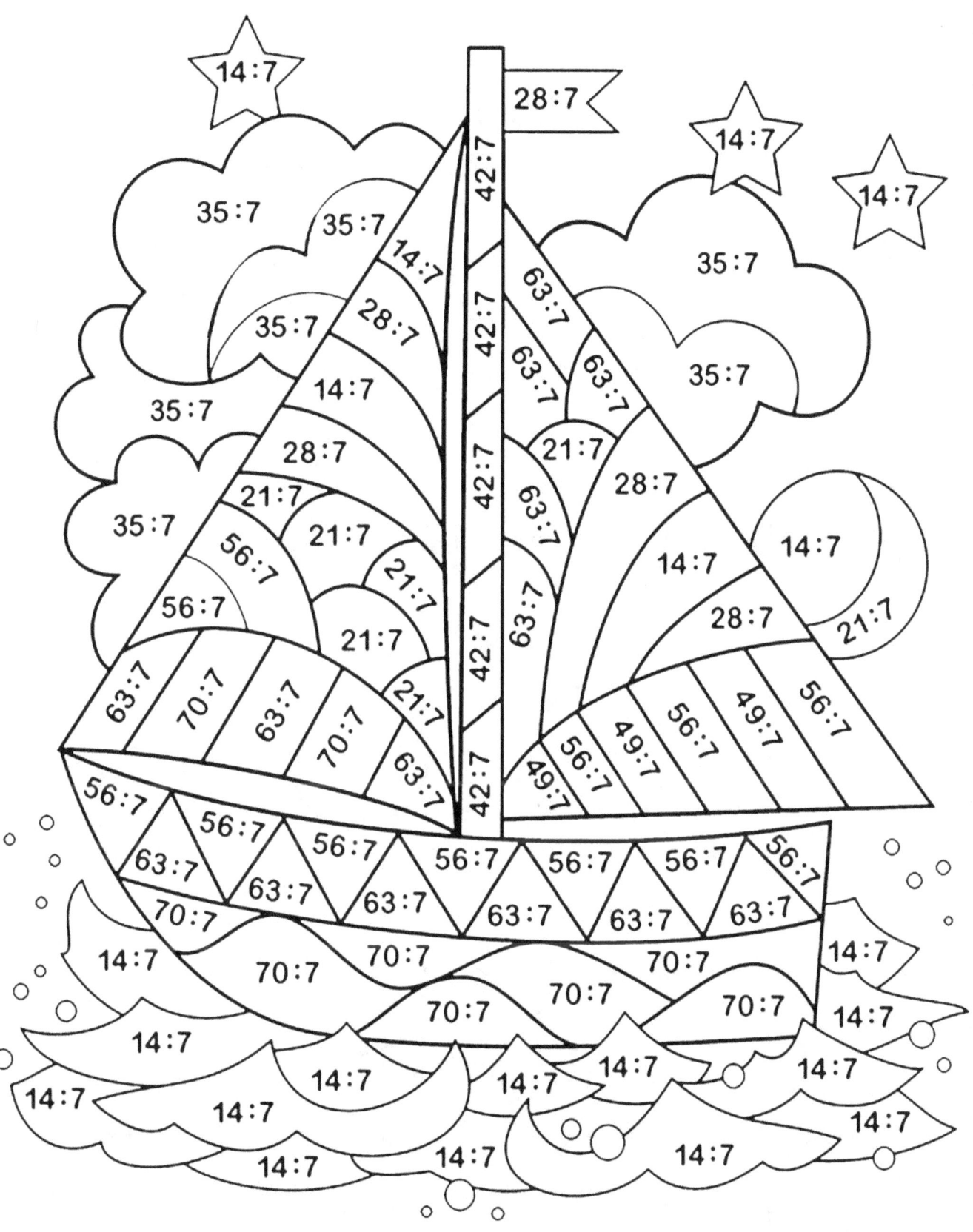

2=aqua, 3=yellow, 4=red, 5=light sea green, 6=saddle brown
7=magenta / fuchsia, 8=blue, 9=orange, 10=black

Test Your Color

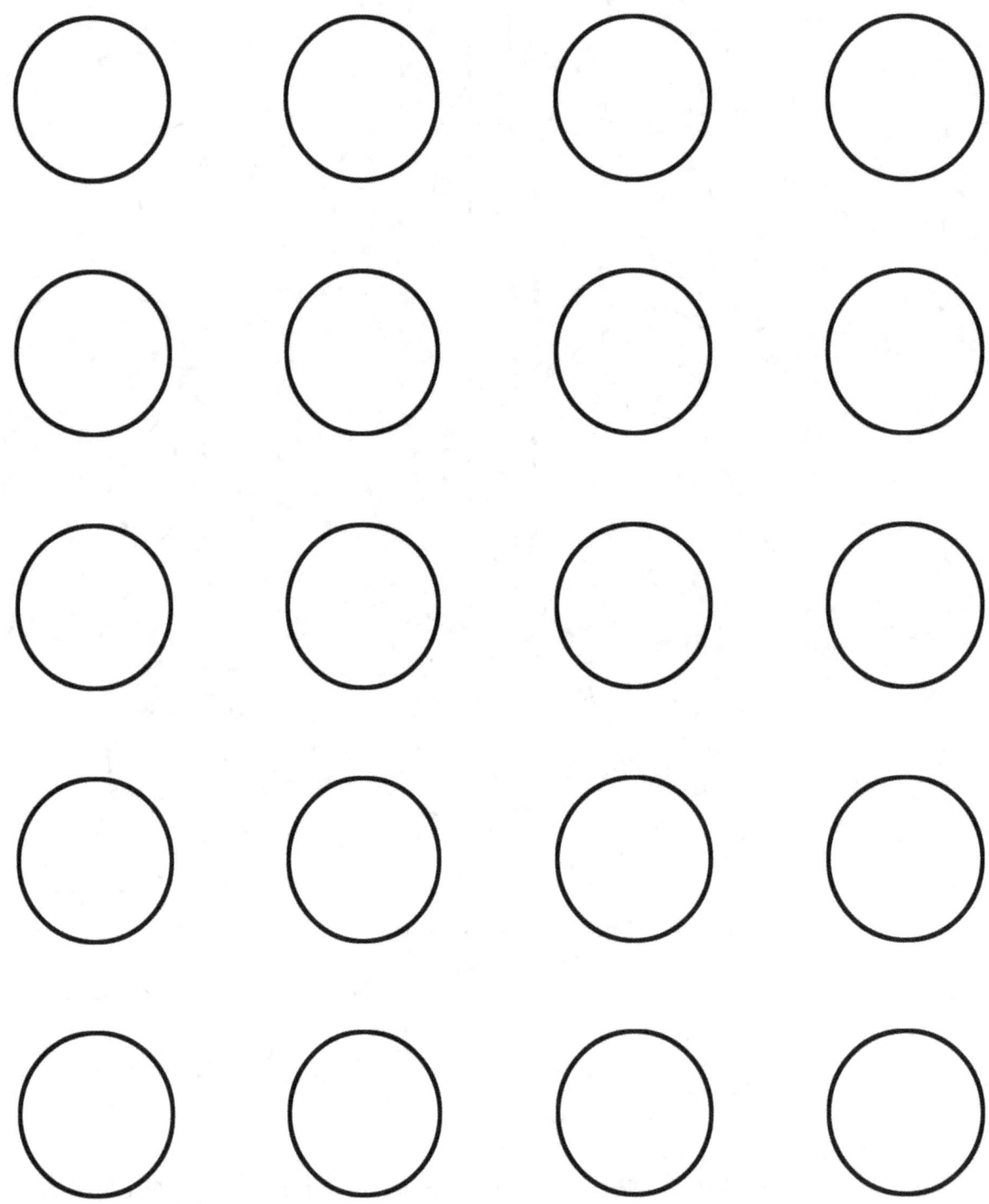

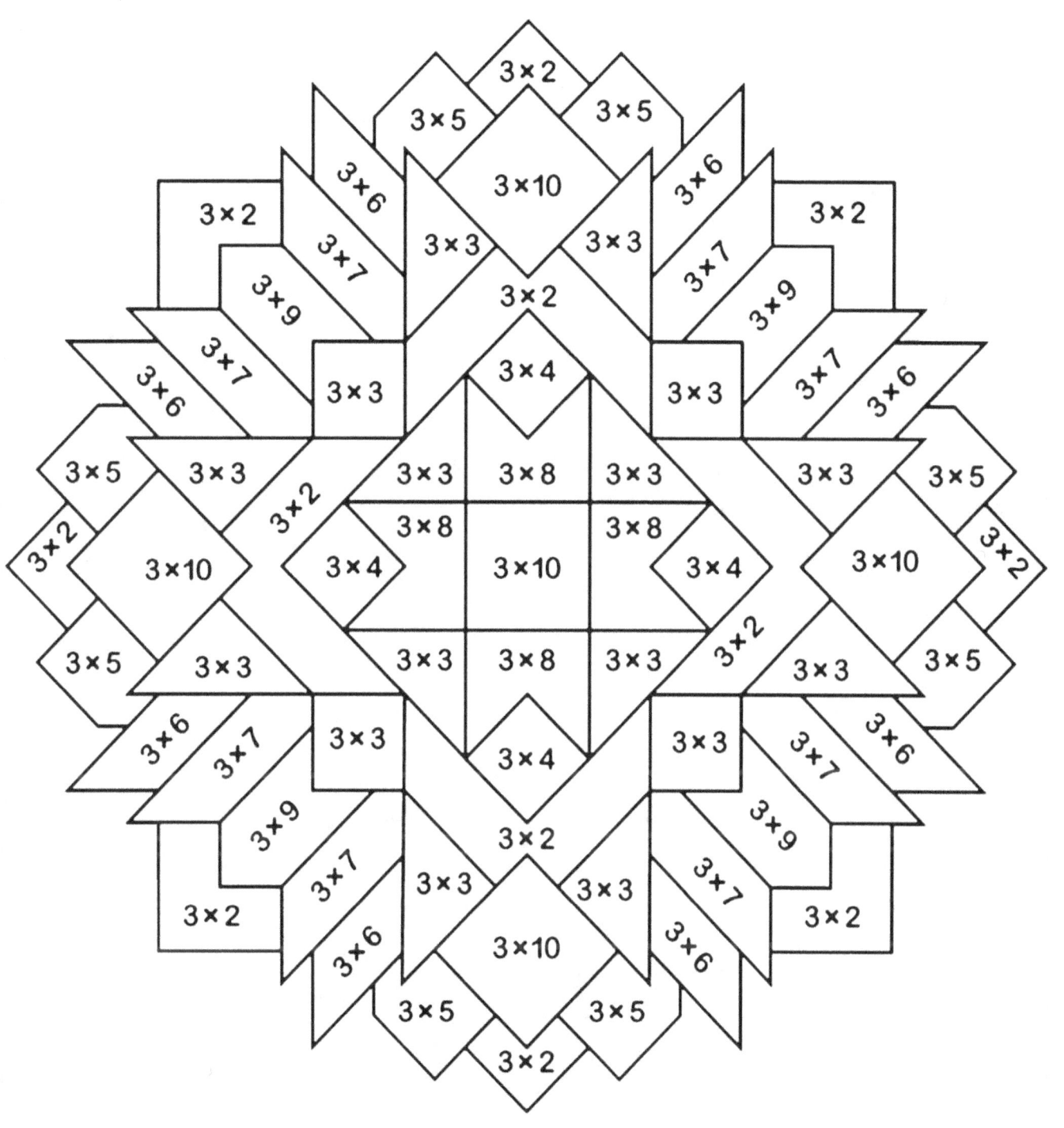

6=light sea green, 9=Yellow, 12=Magenta / Fuchsia
15=Lime, 18=Silver, 21=Cyan / Aqua, 24=Red
27=Blue, 30=Purple

Test Your Color

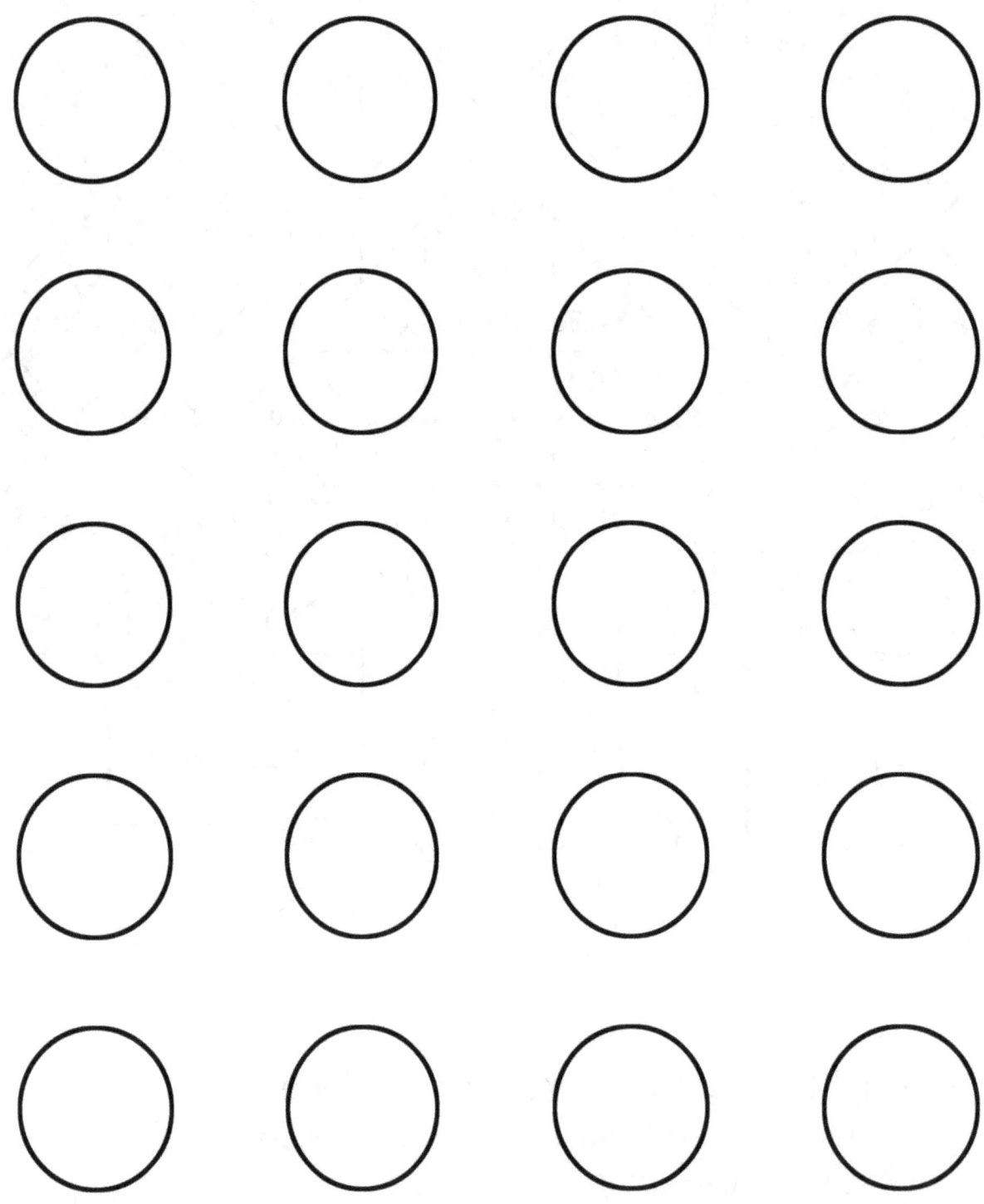

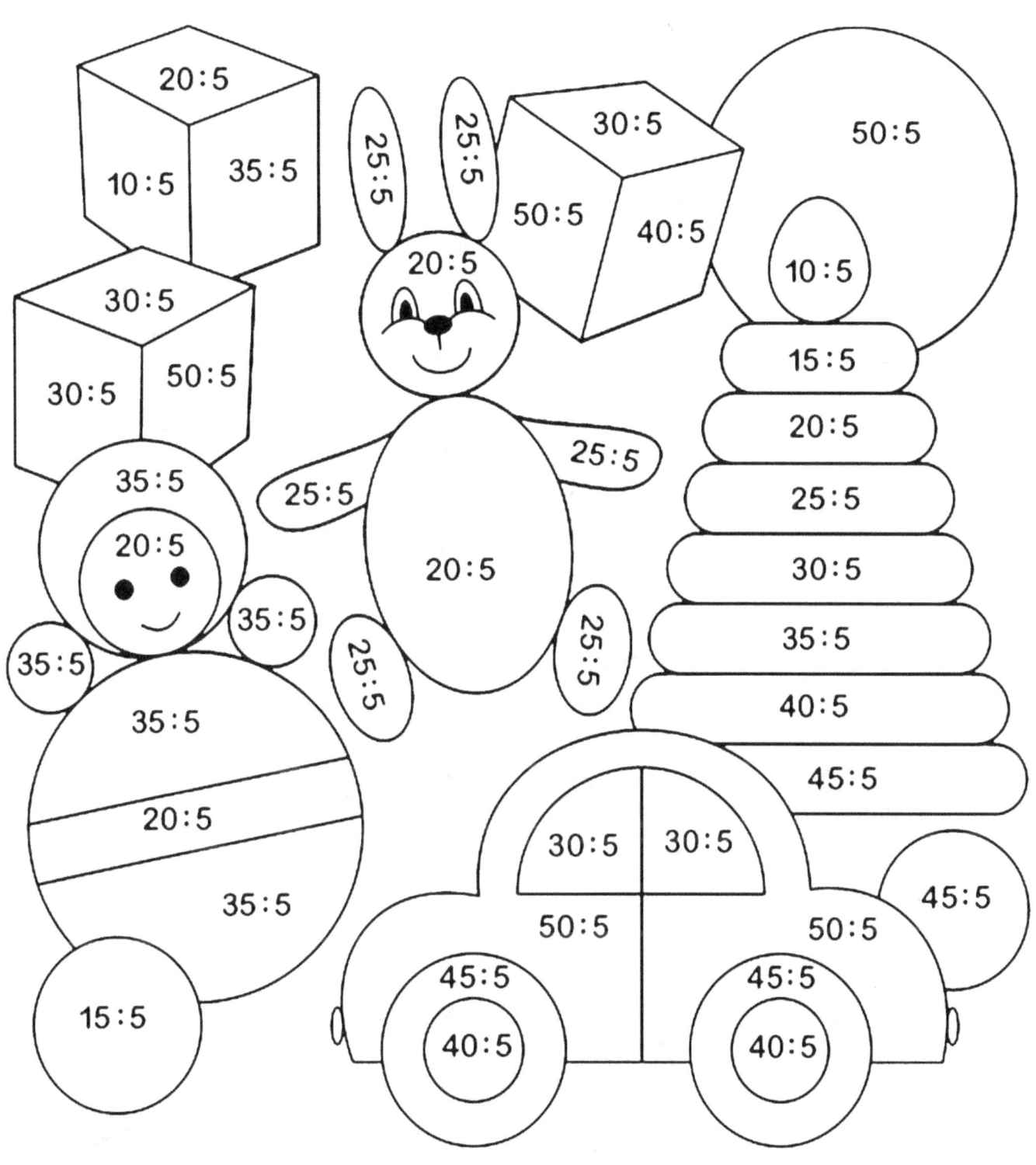

2=orange, 3=lime, 4=yellow, 5=magenta, 6=aqua
7=red, 8=purple, 9=dark golden rod, 10=blue

Test Your Color

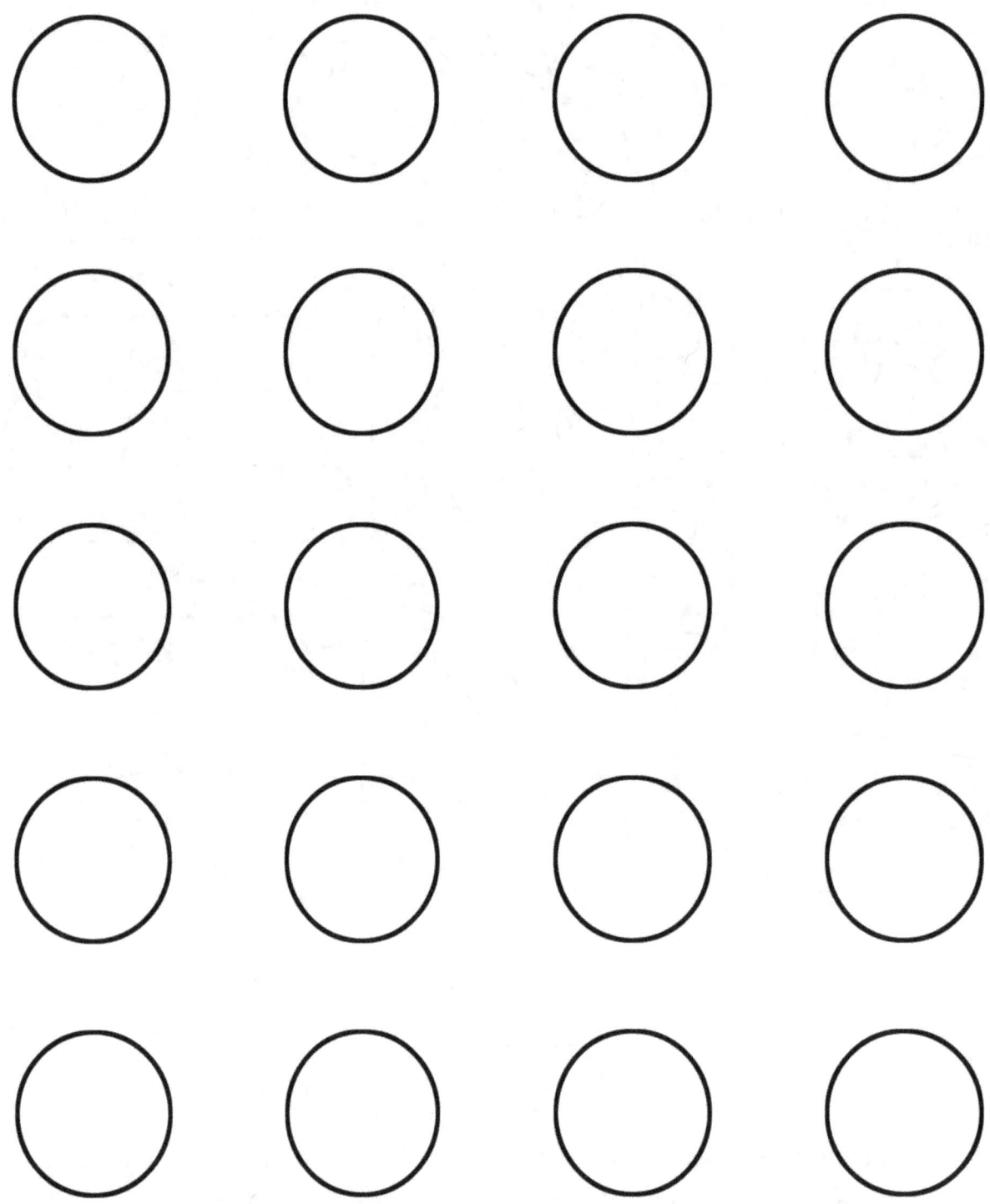

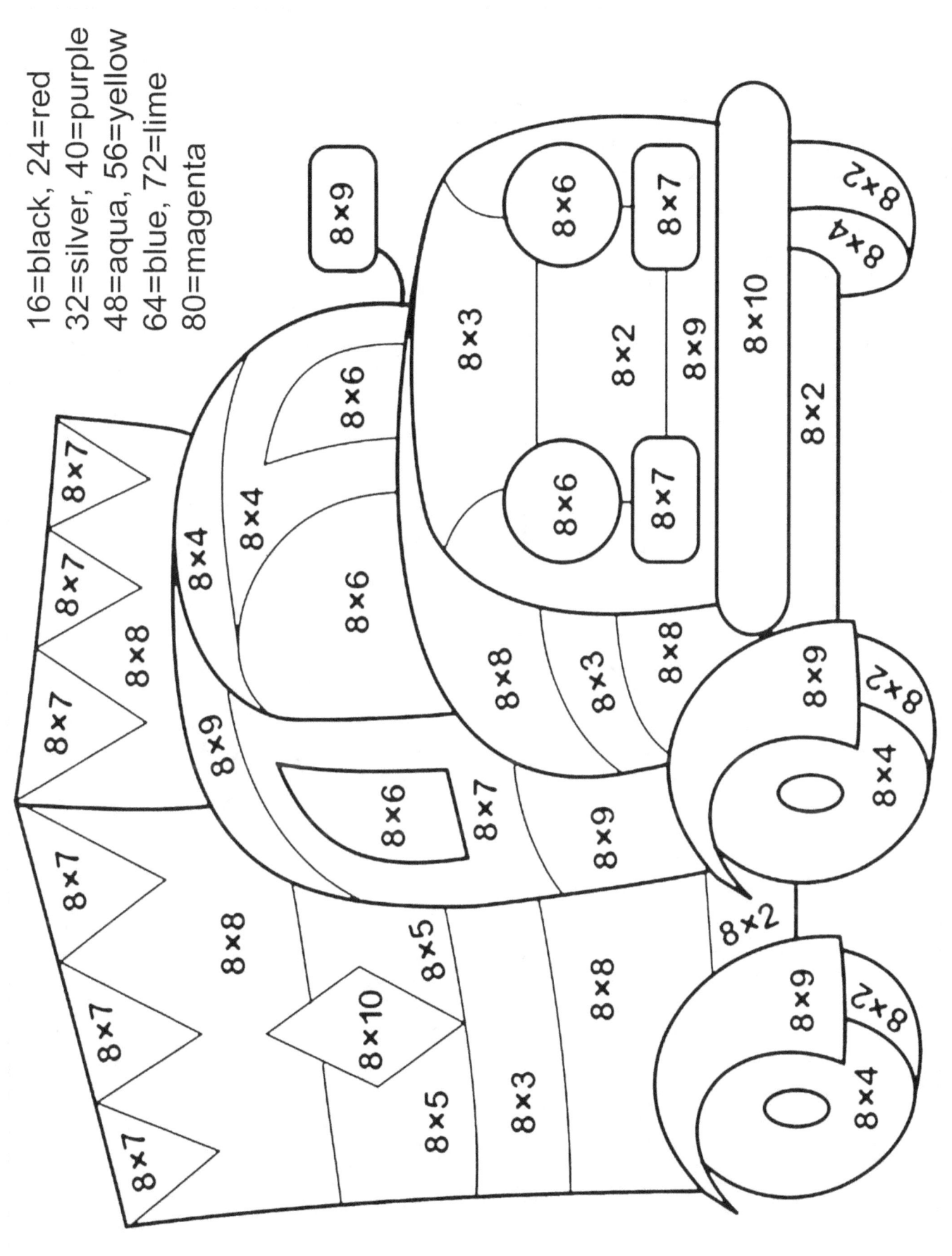

Test Your Color

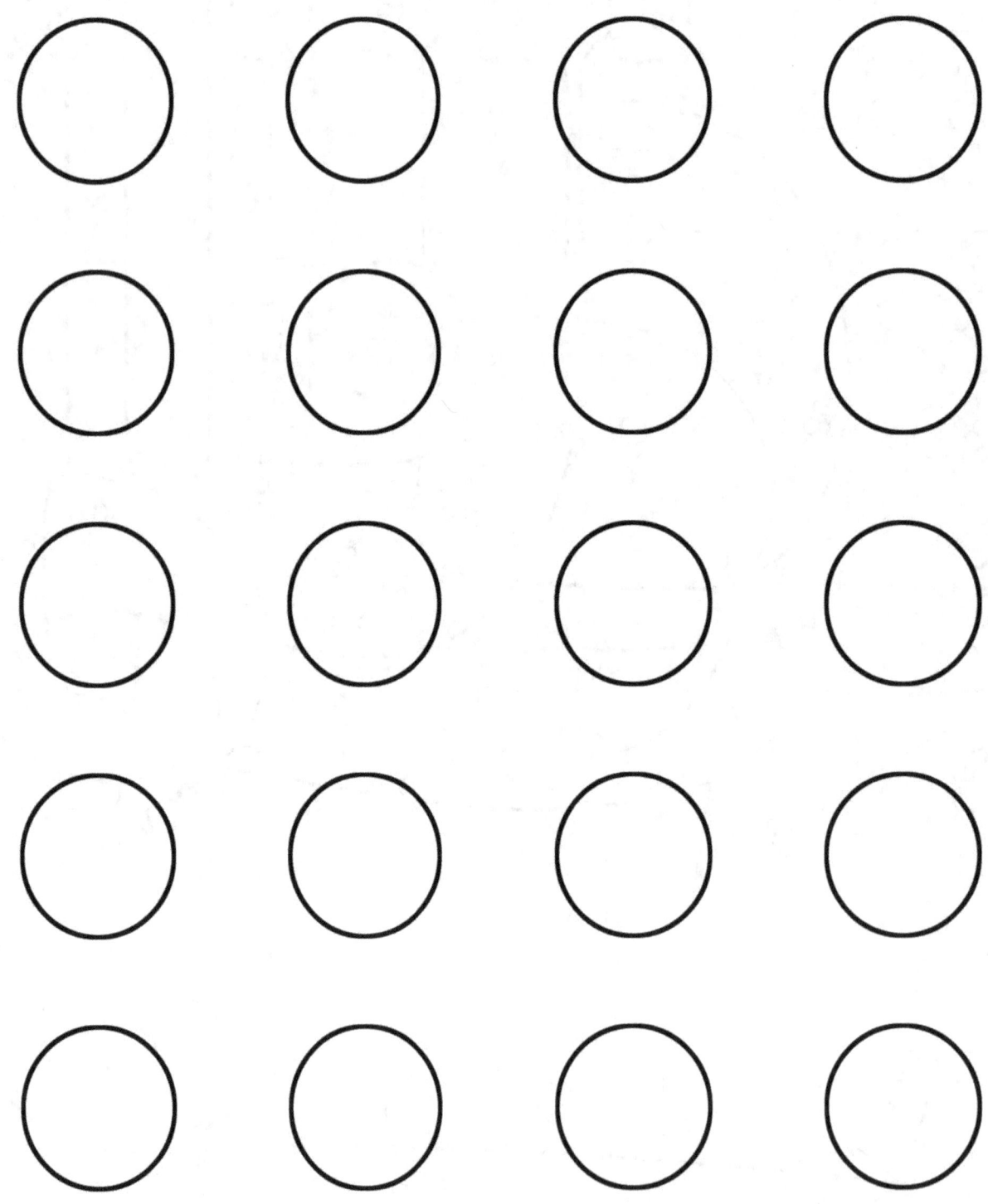

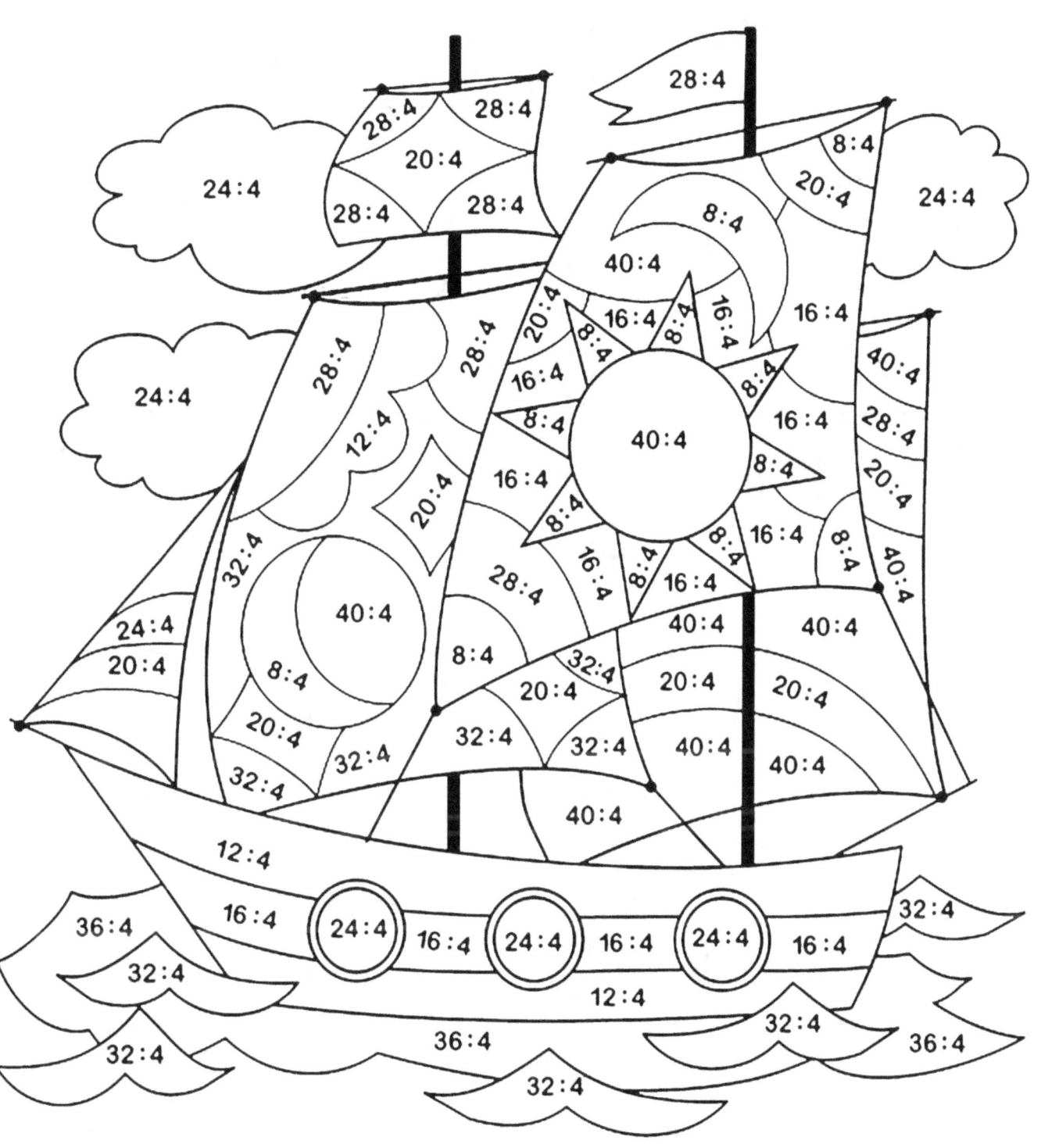

2=yellow, 3=maroon, 4=orange, 5=purple, 6=aqua
7=red, 8=teal, 9=blue, 10=lime

Test Your Color

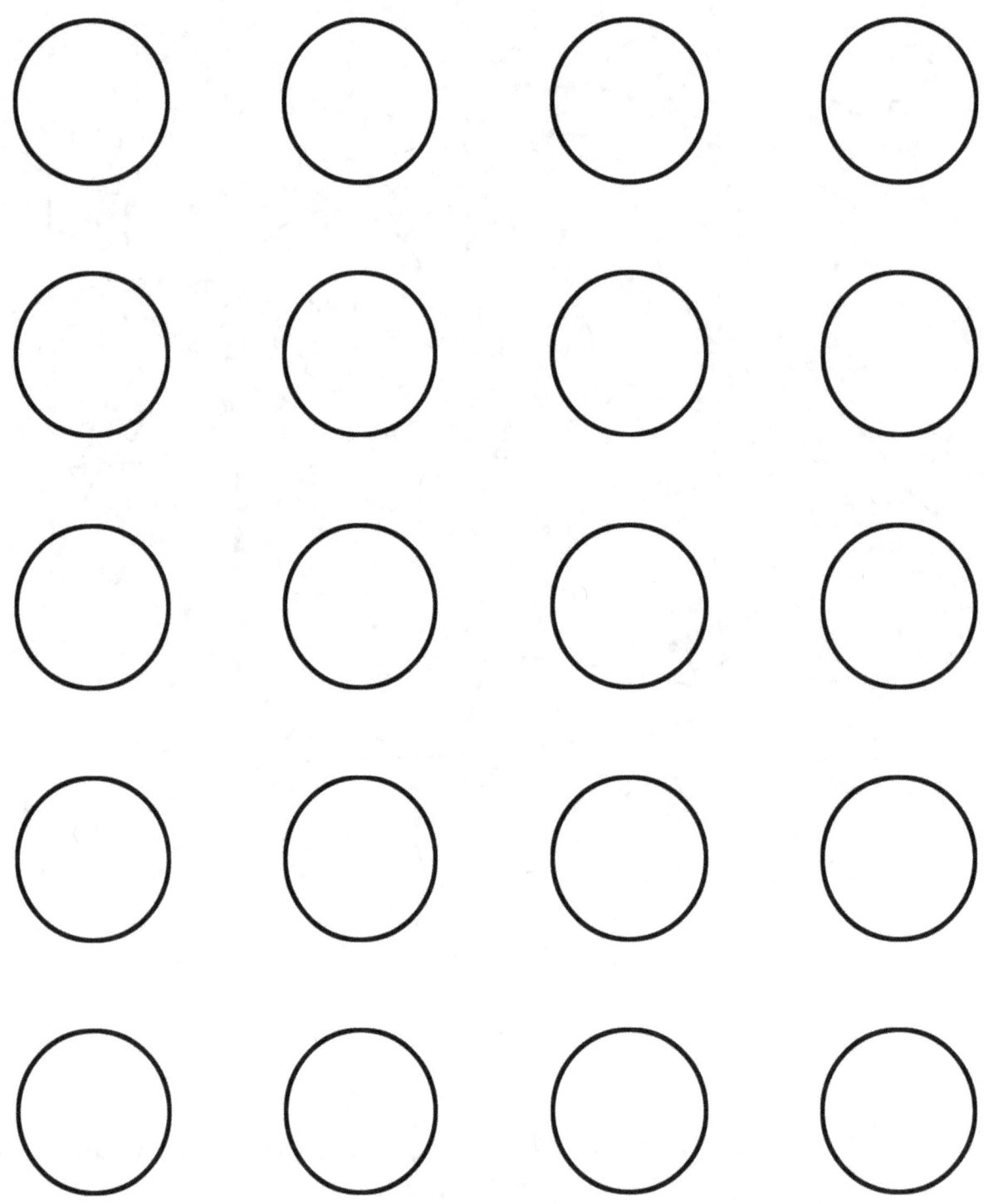

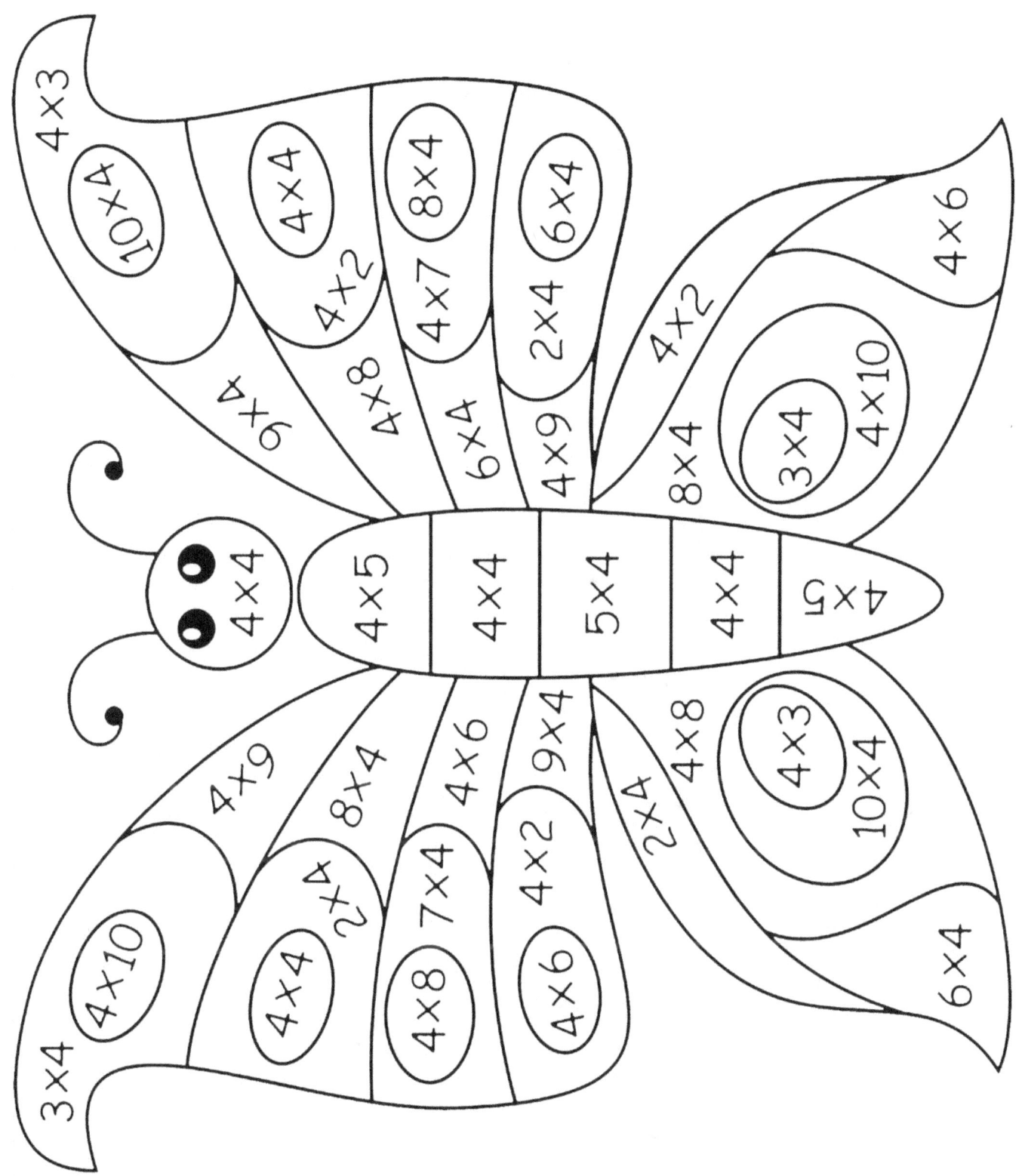

8=magenta, 12=blue, 16=black, 20=orange, 24=aqua
28=purple, 32=lime, 36=red, 40=yellow

Test Your Color

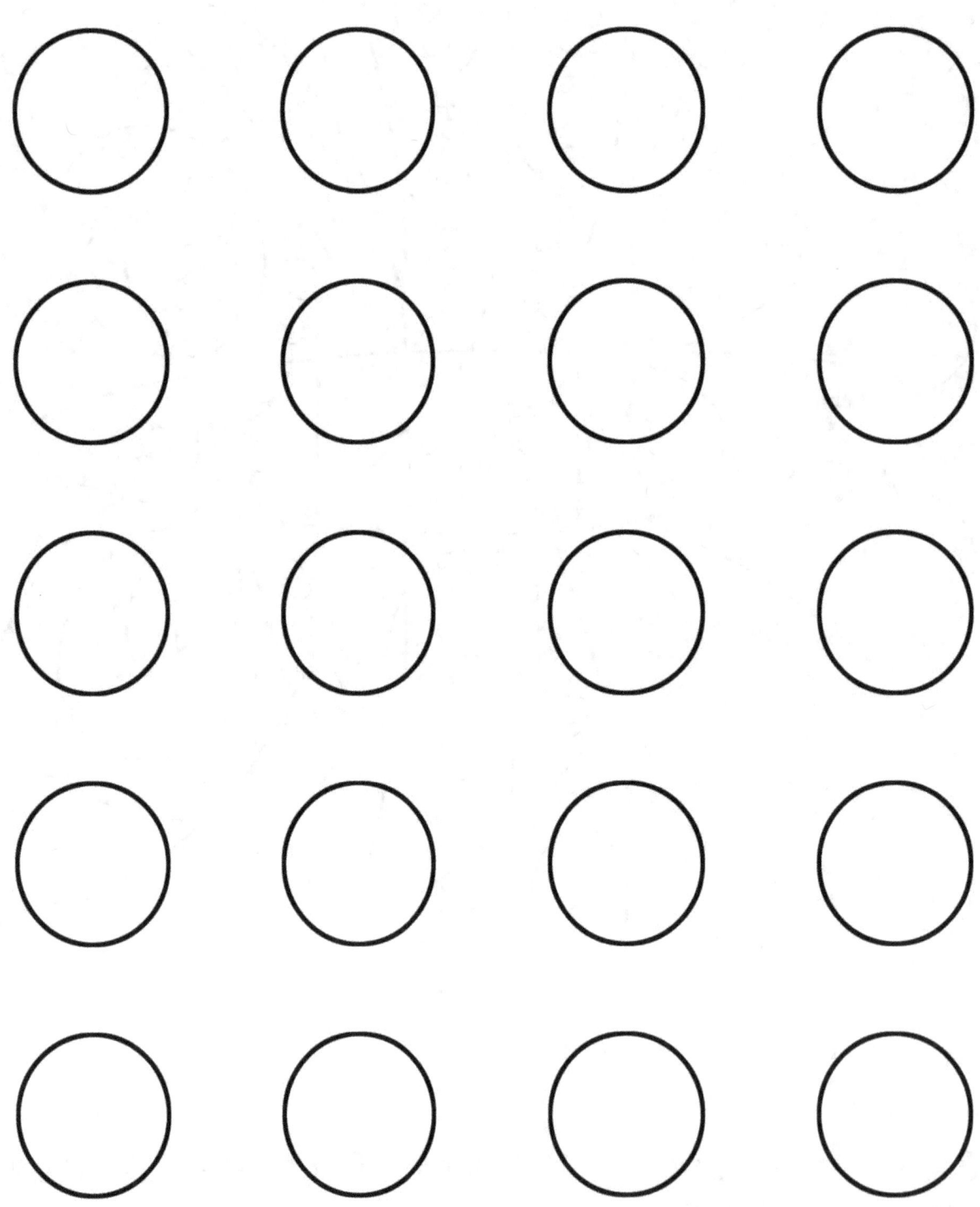

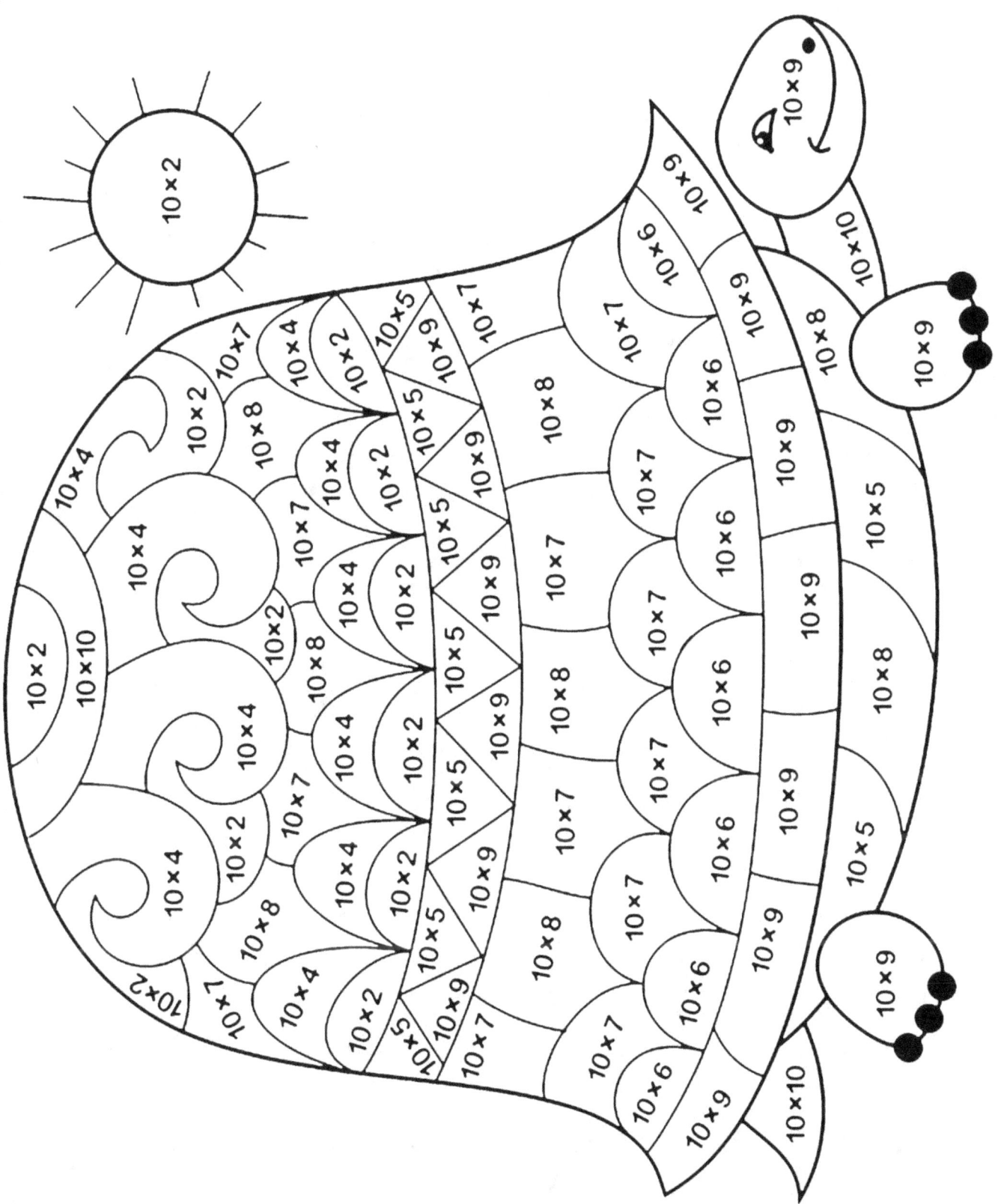

20=lime, 30=yellow, 40=red, 50=purple, 60=black
70=aqua, 80=blue, 90=orange, 100=saddle brown

Test Your Color

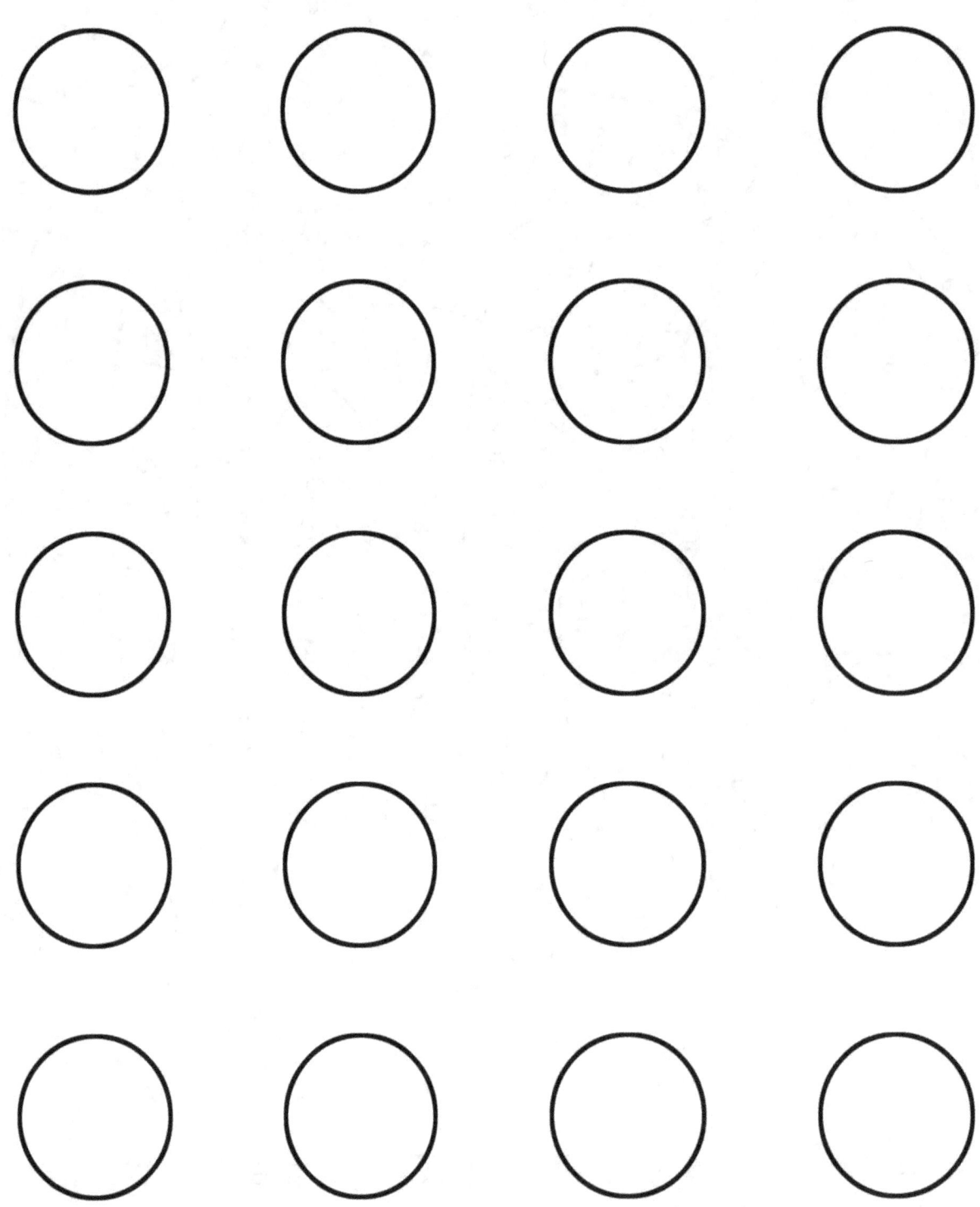

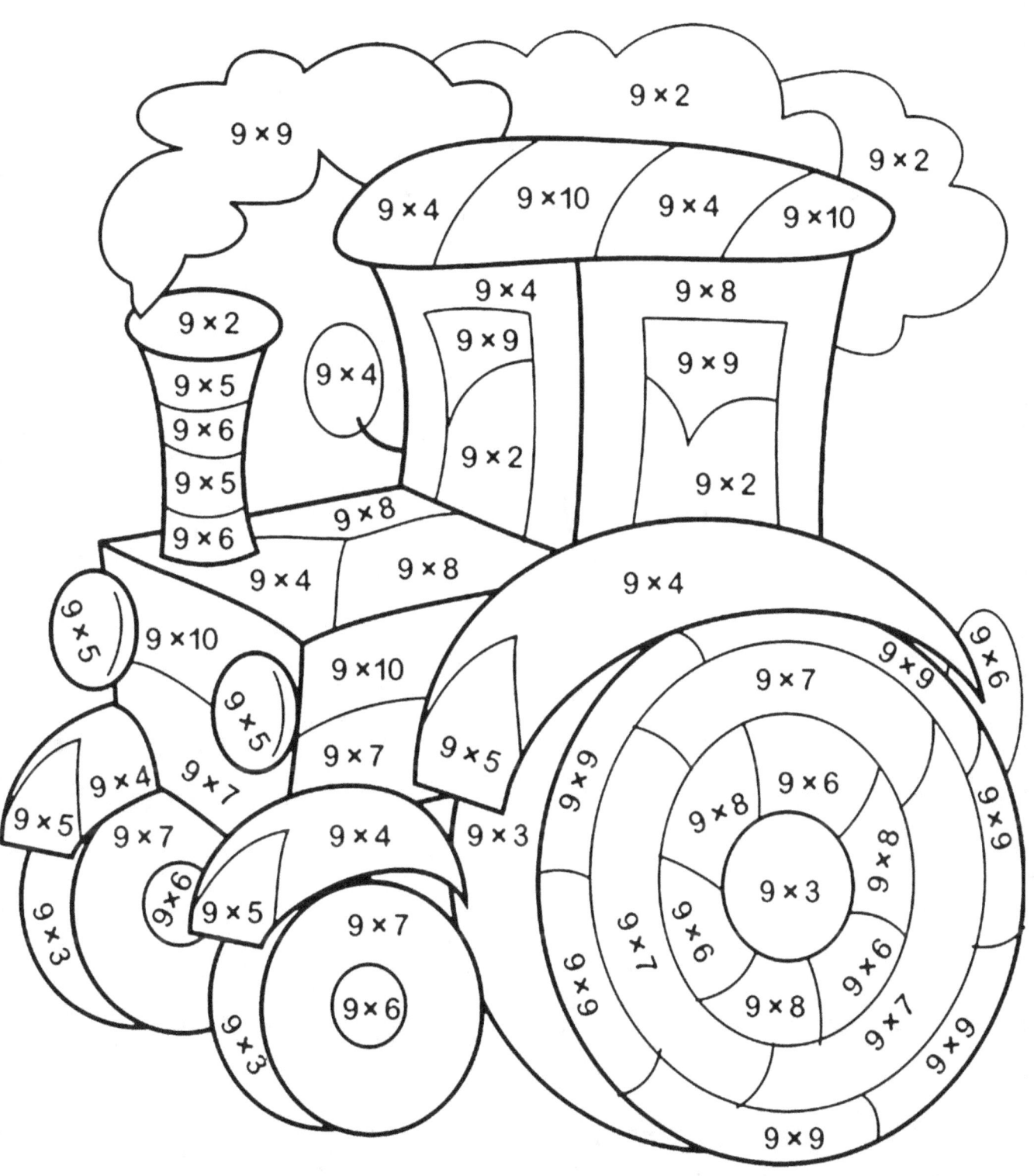

18=aqua, 27=black, 36=lime, 45=yellow, 54=purple
63=dark golden rod, 72=blue, 81=silver, 90=red

Test Your Color

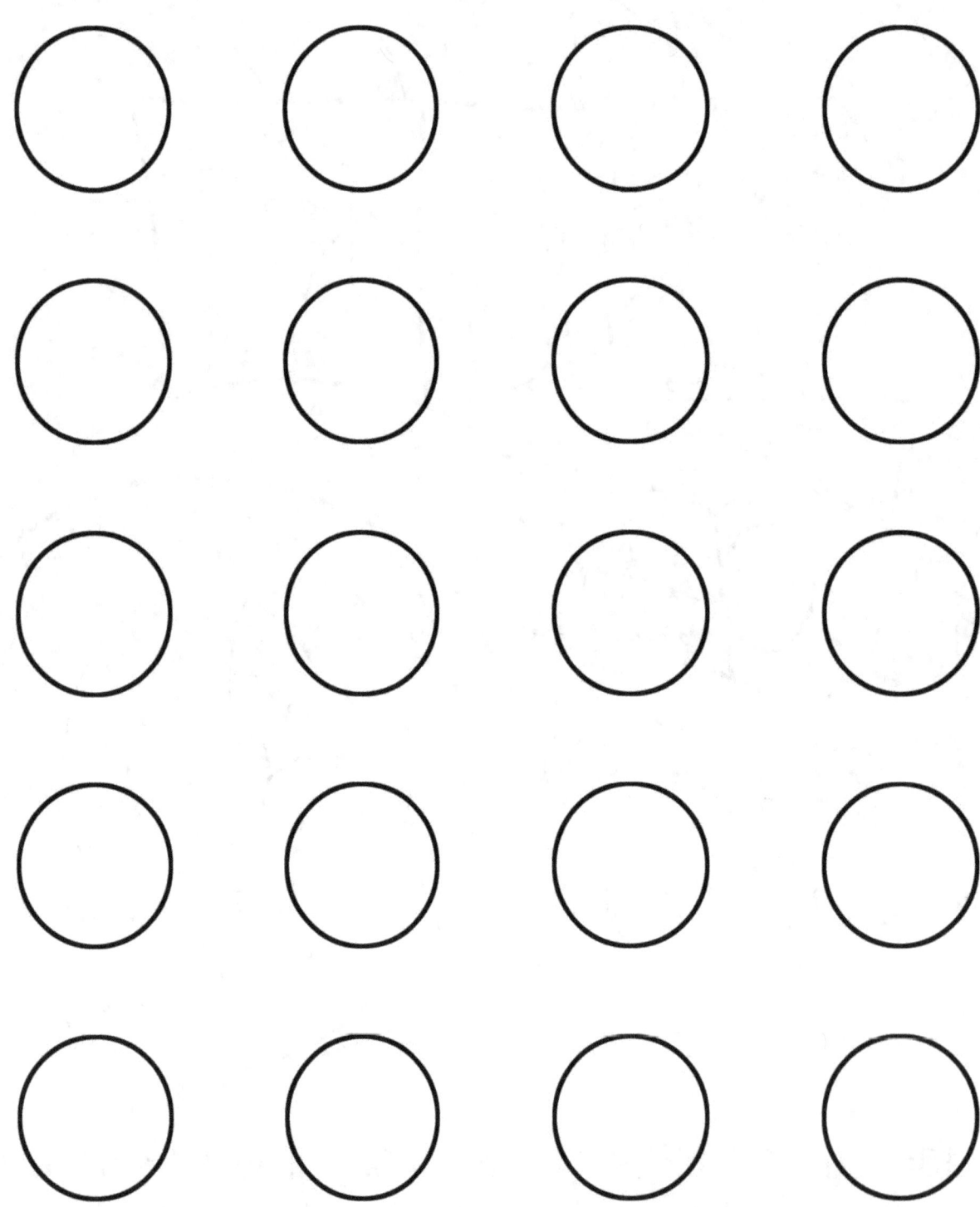

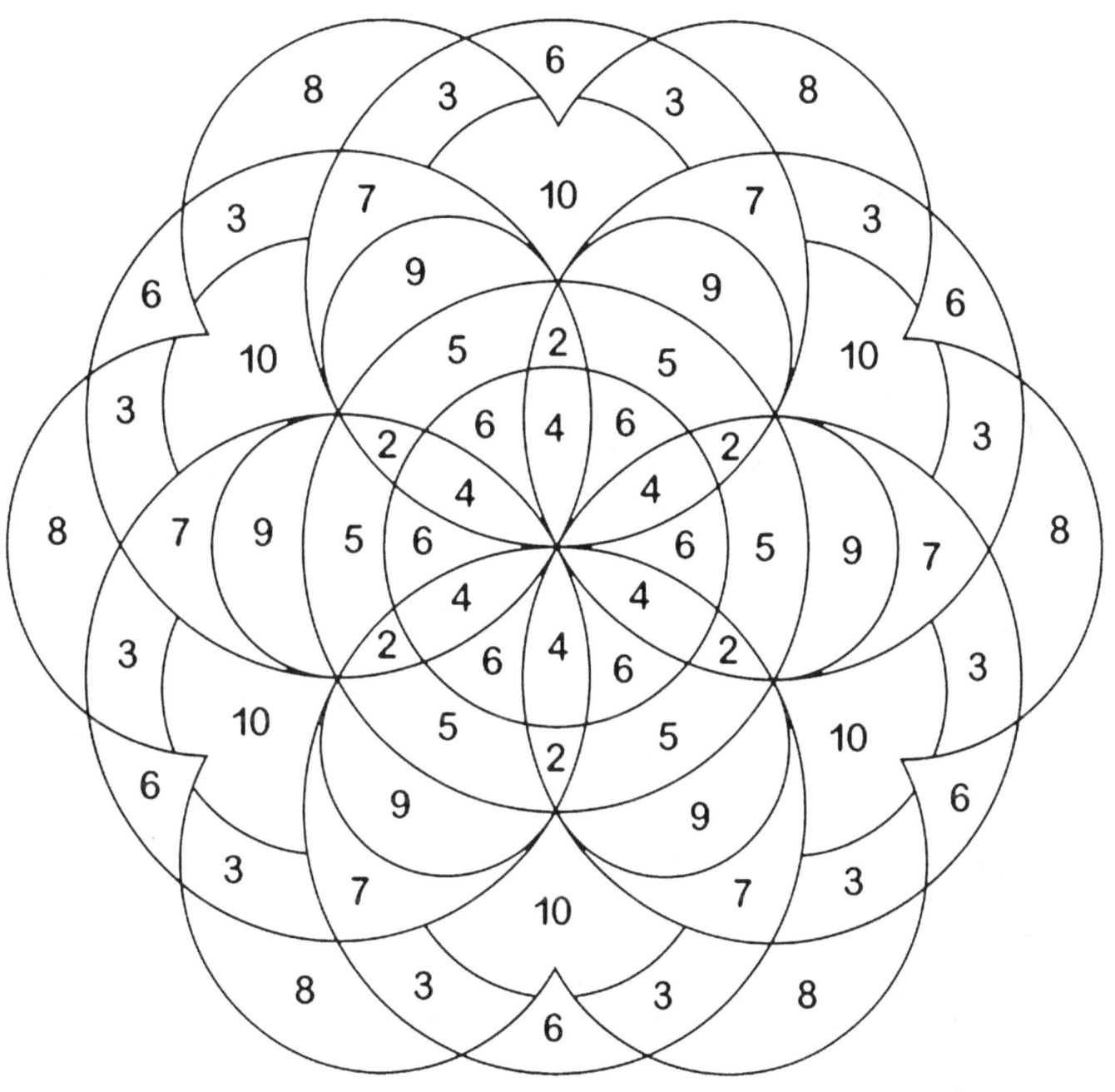

12:6=aqua, 18:6=red, 24:6=yellow, 30:6=blue, 36:6=lime
42:6=magenta, 48:6=maroon, 54:6=dark golden rod, 60:6=purple

Test Your Color

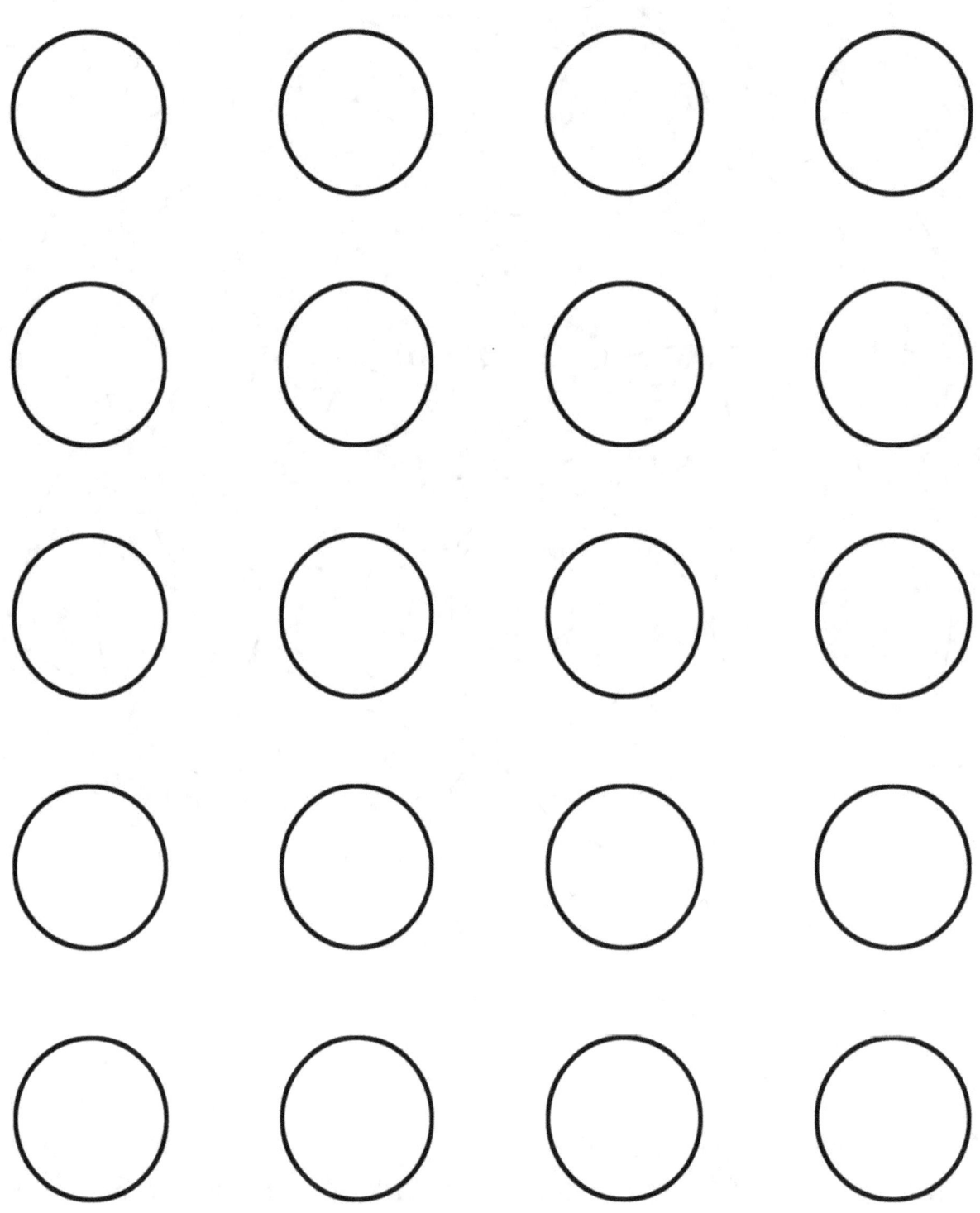

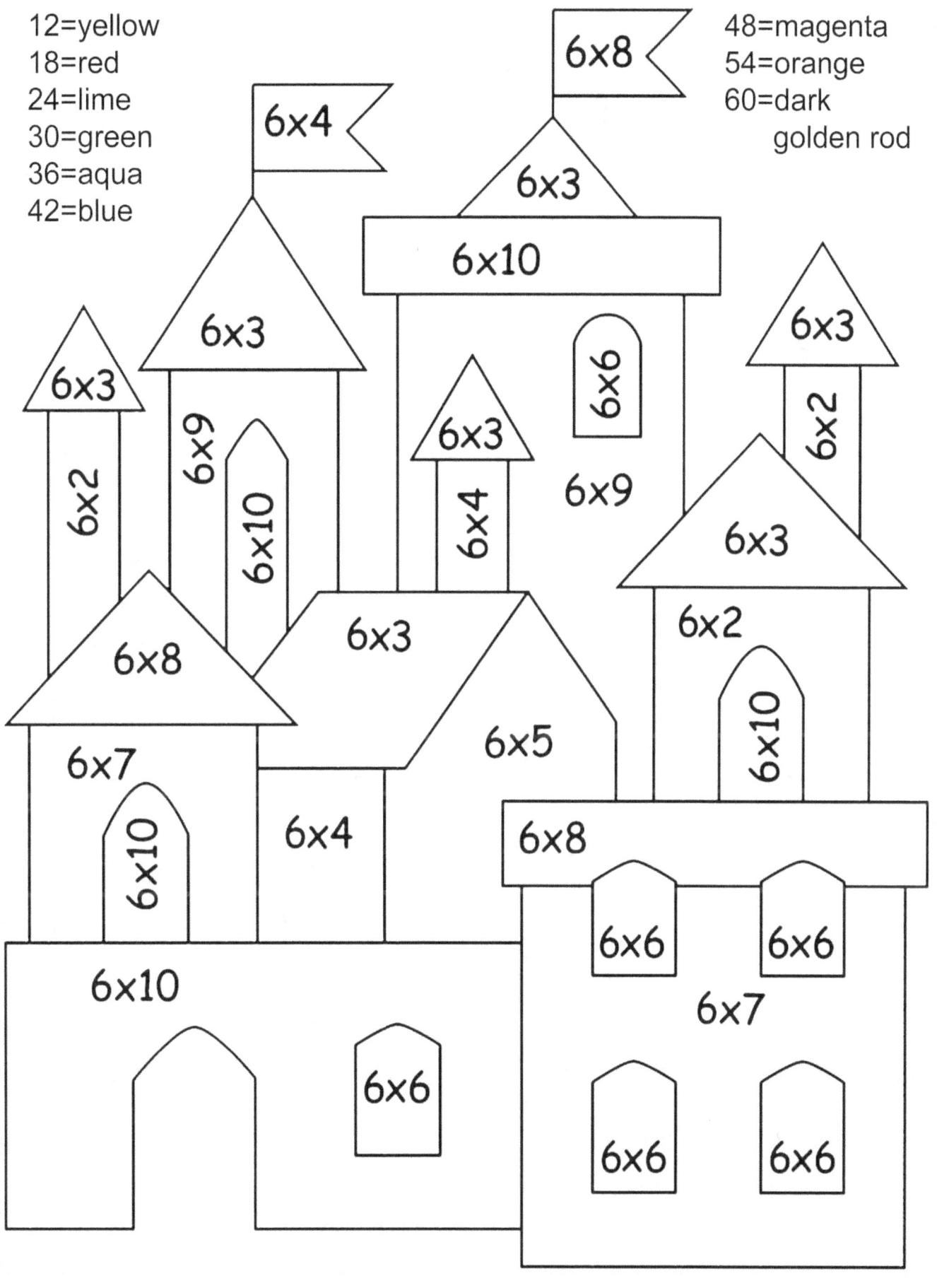

Test Your Color

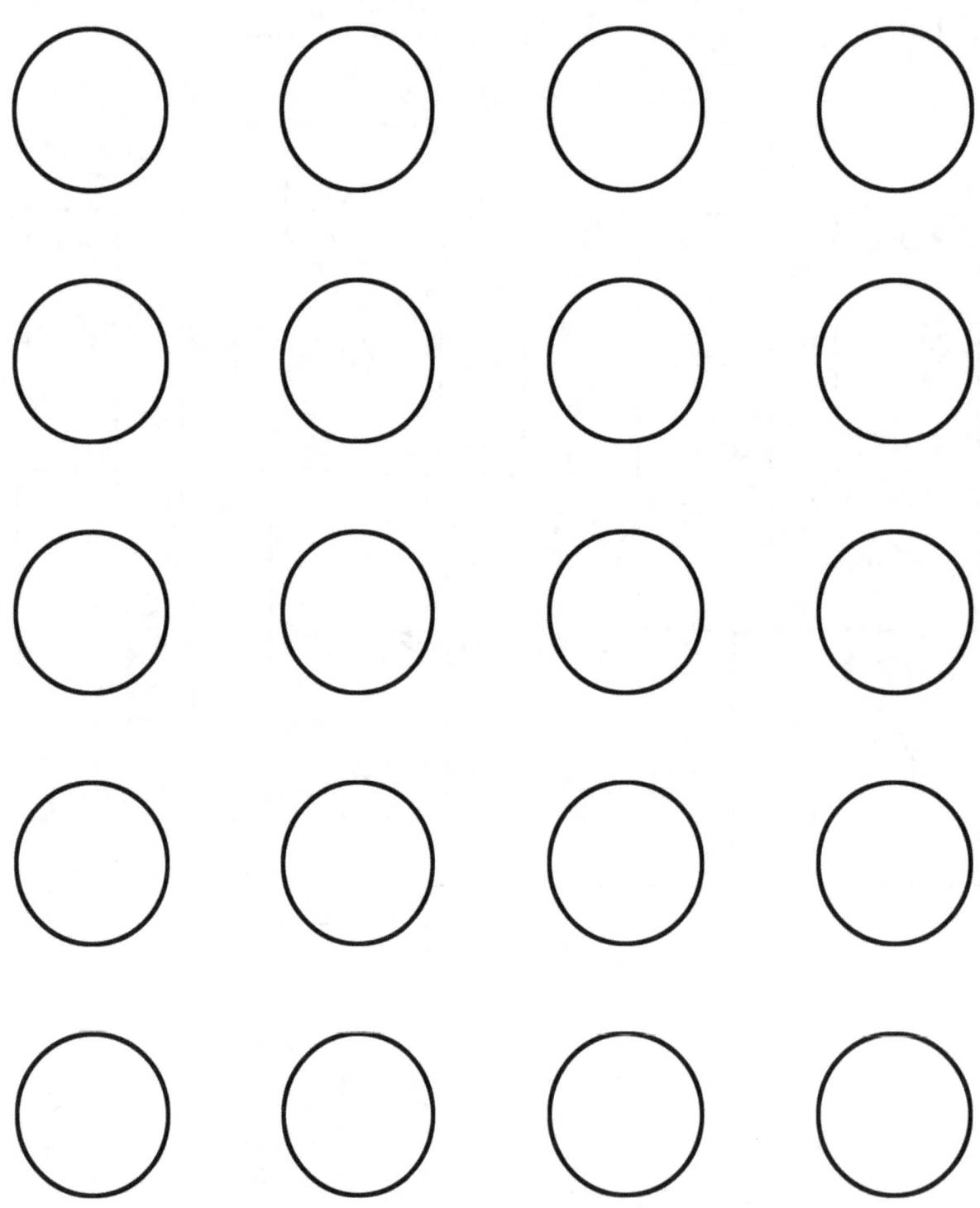

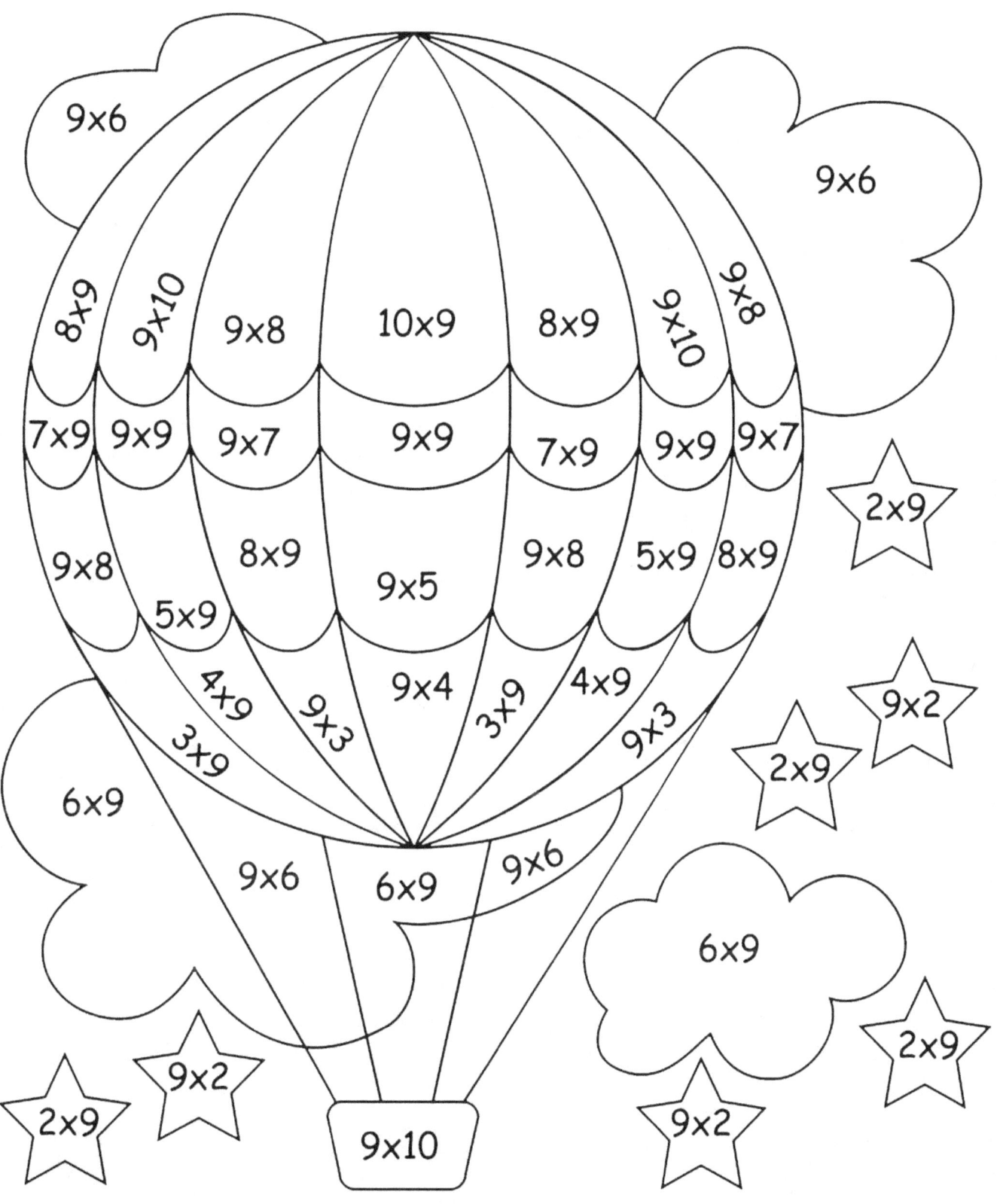

18=yellow, 27=red, 36=lime, 45=green, 54=aqua
63=blue, 72=magenta, 81=purple, 90=orange

Test Your Color

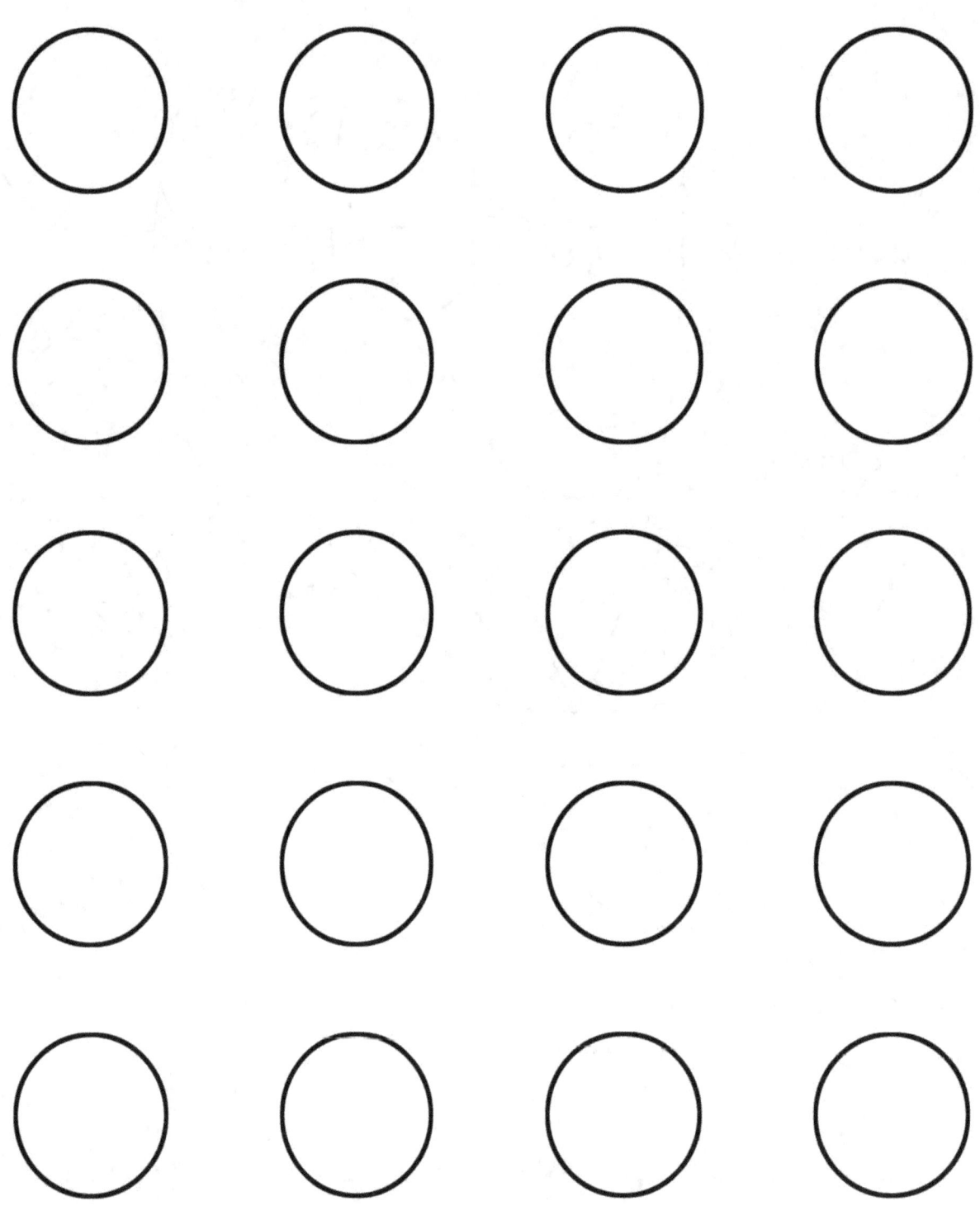

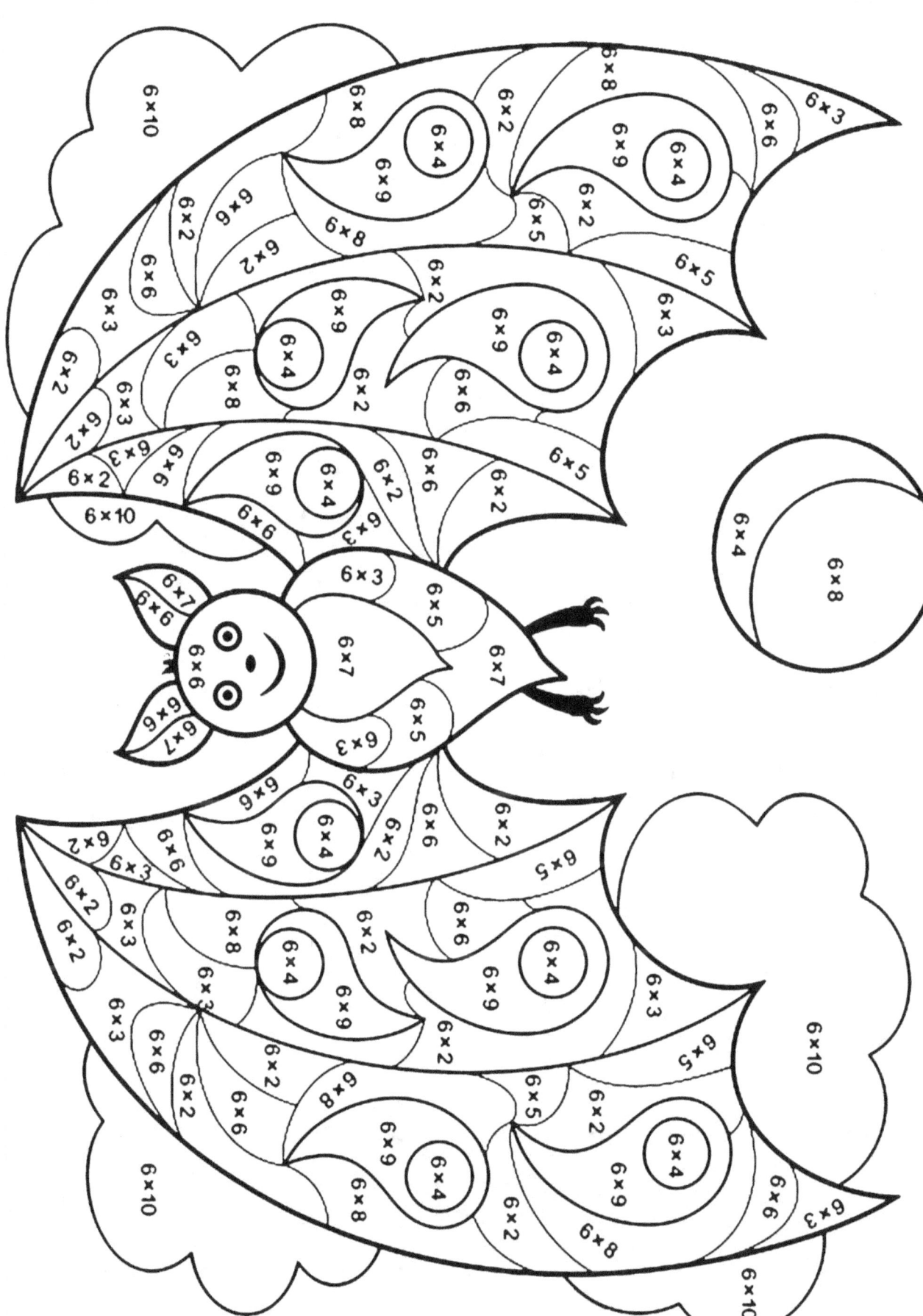

12=blue, 18=purple, 24=yellow, 30=light sea green, 36=orange, 42=magenta, 48=lime, 54=red, 60=aqua

Test Your Color

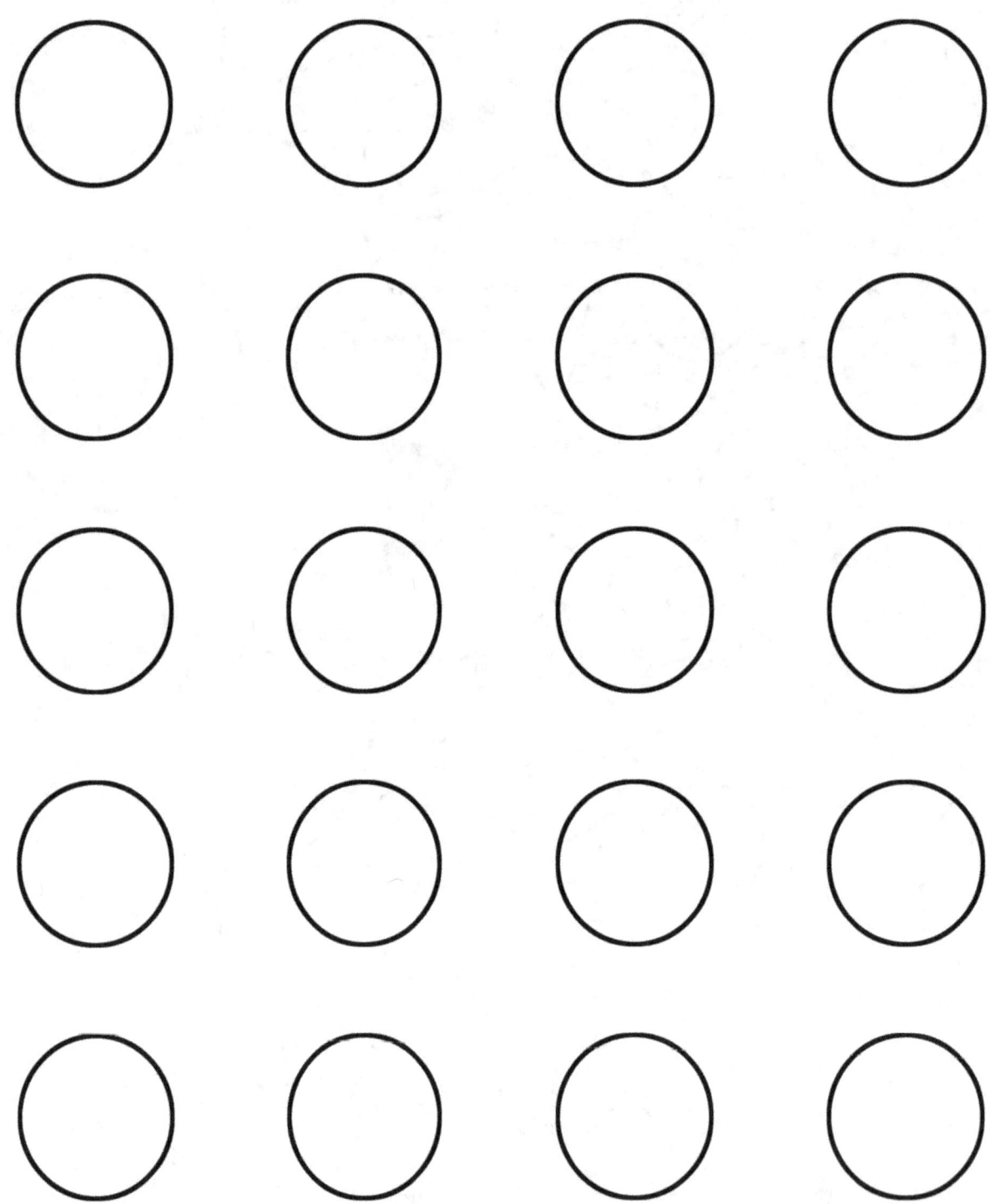

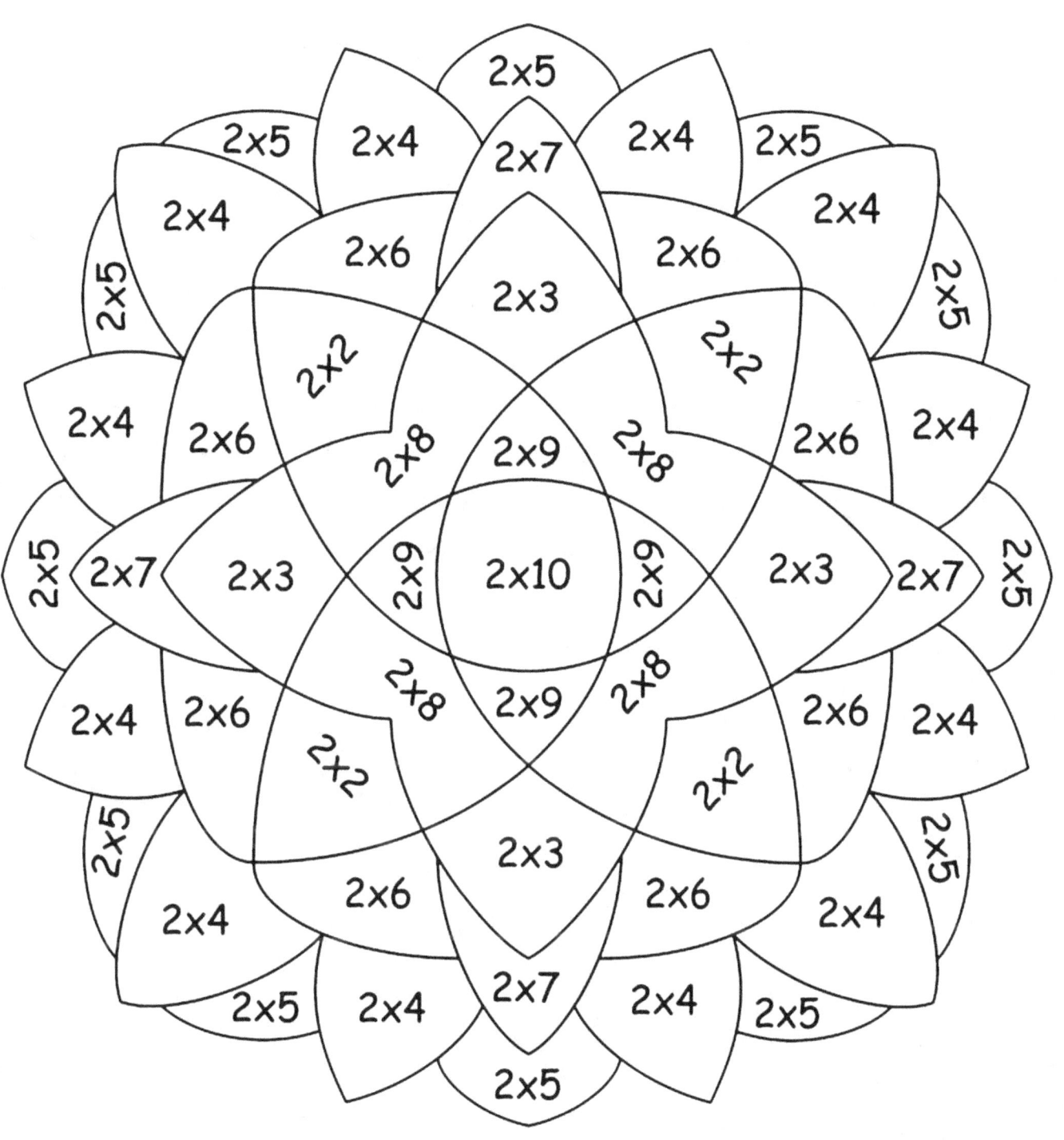

4=yellow, 6=red, 8=lime, 10=green, 12=aqua
14=blue, 16=magenta, 18=black, 20=white

Test Your Color

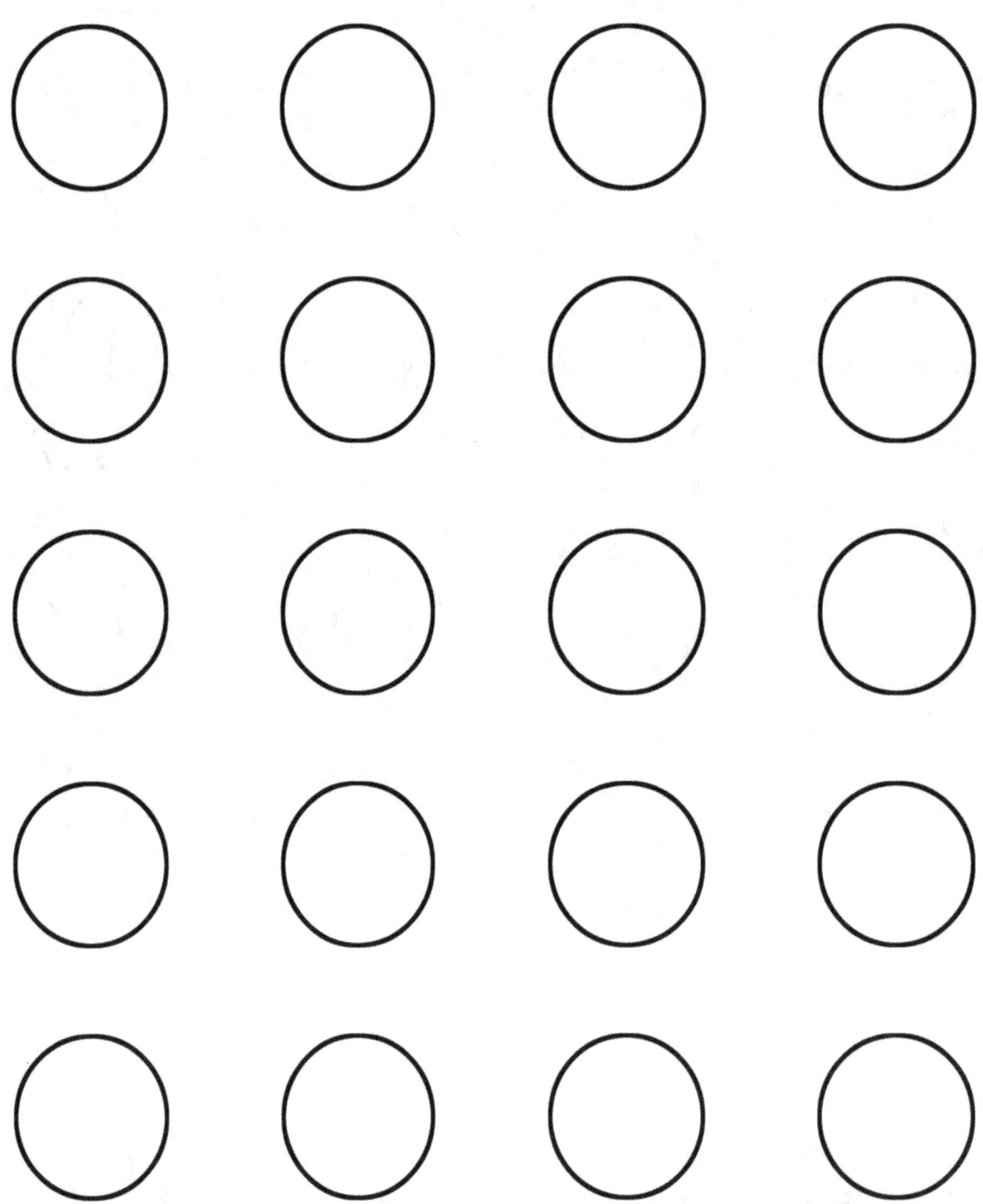

16=green, 24=red, 32=yellow, 40=lime, 48=dark orange
56=steel blue, 64=aqua, 72=magenta, 80=teal

Test Your Color

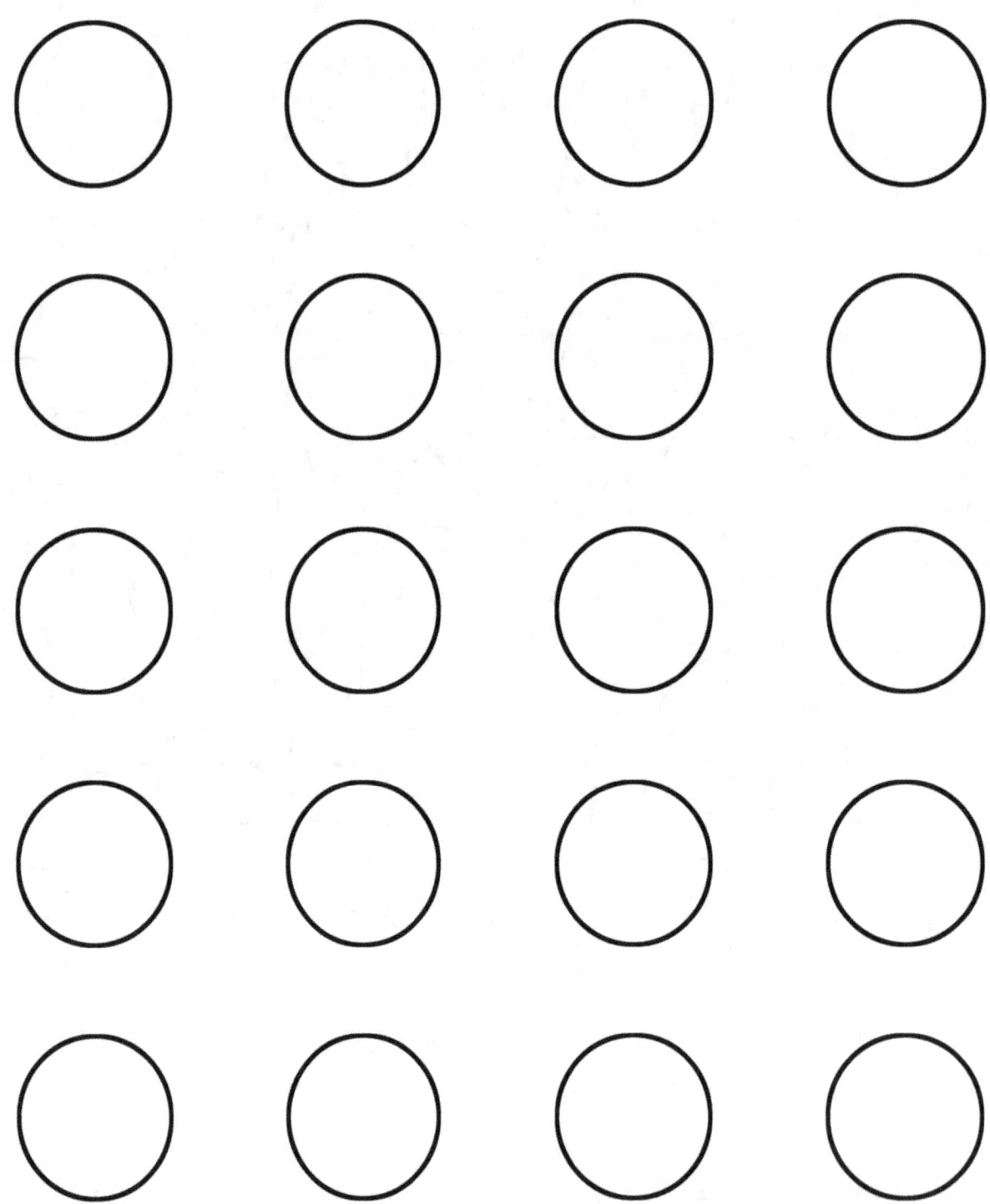

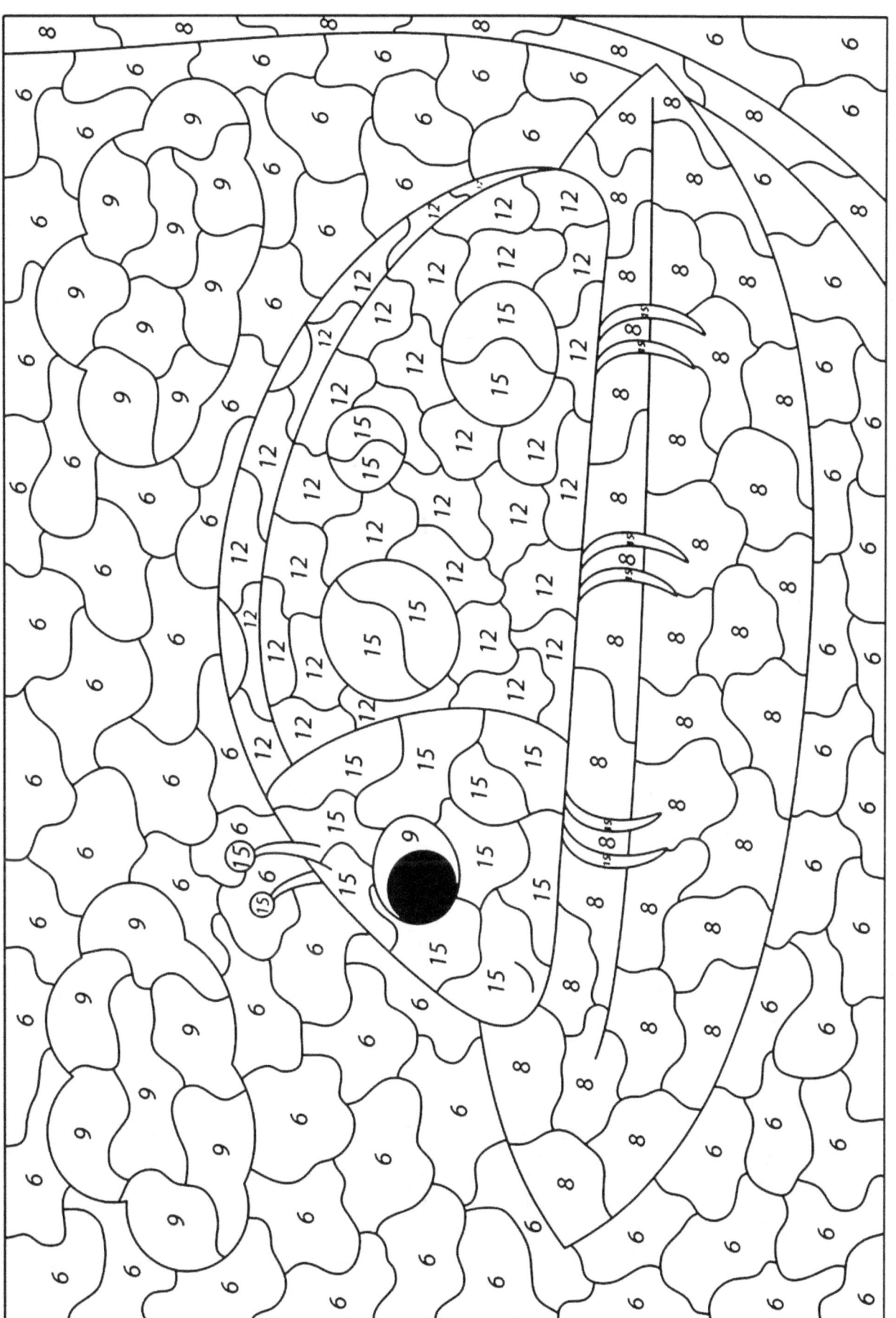

2x3=aqua marine, 2x4=lime green, 3x3=white, 4x3=red, 5x3=slate gray

Test Your Color

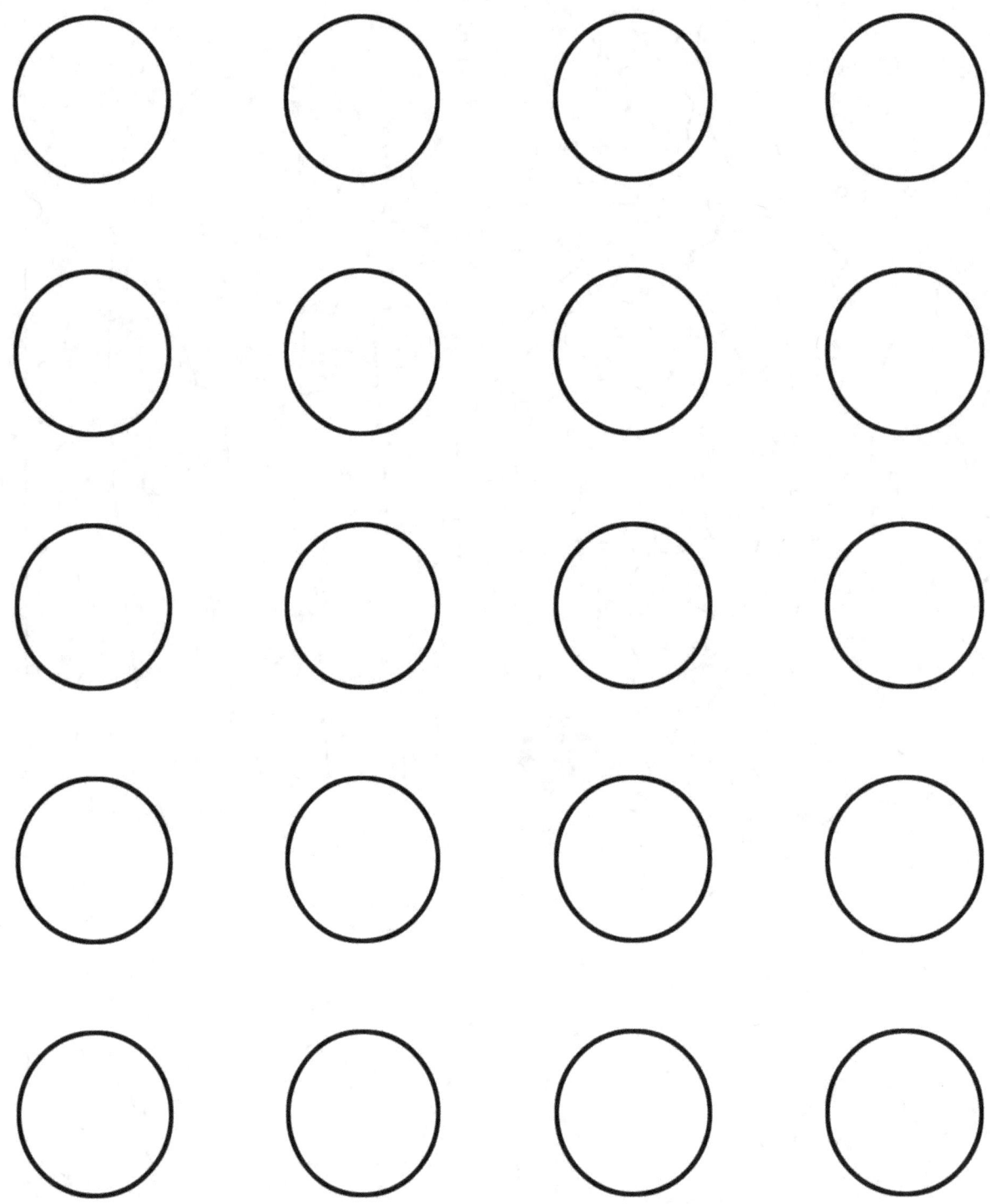

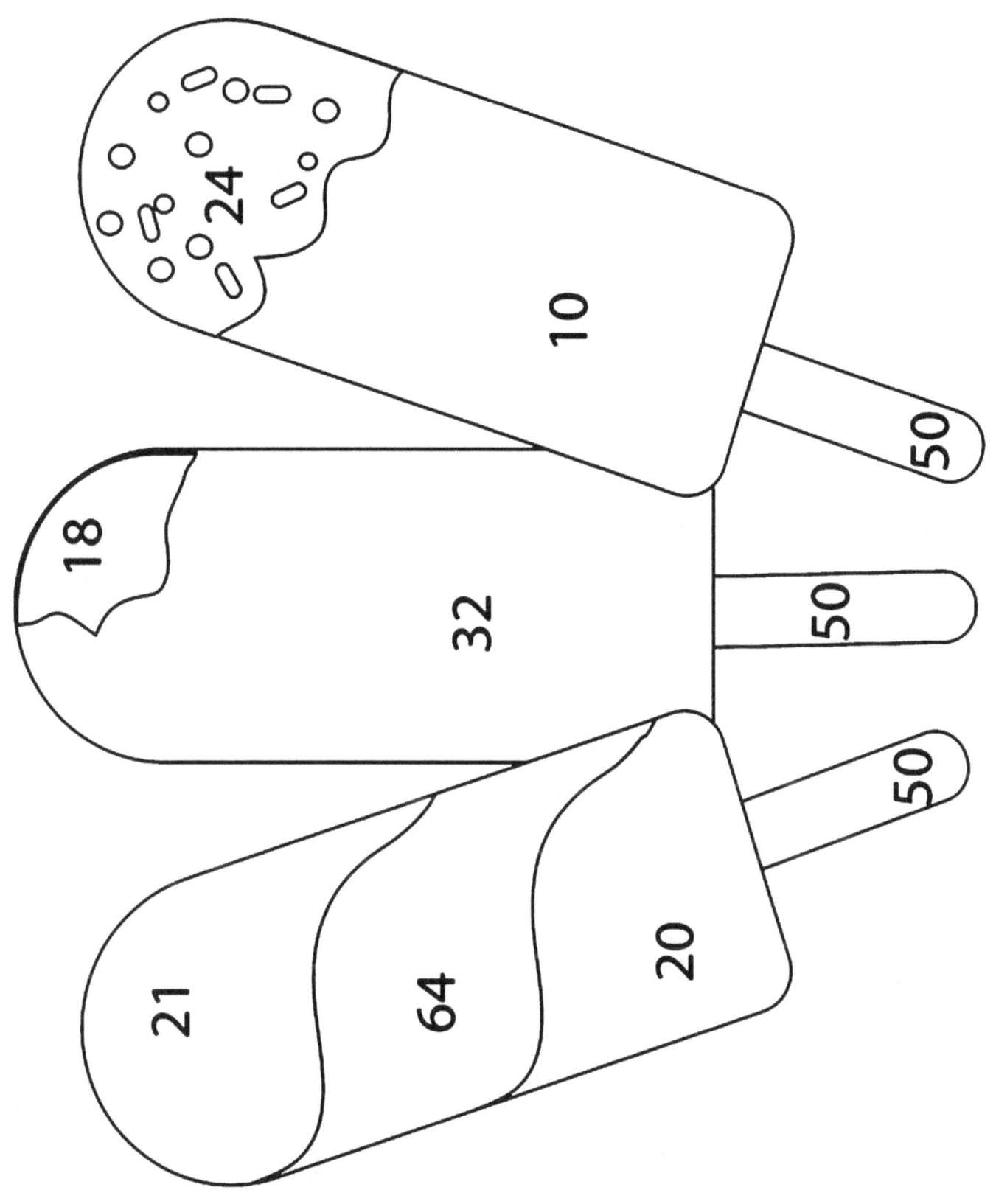

5x2=aqua, 6x4=lime green, 4x8=magenta, 9x2=khaki
7x3=yellow, 4x5=purple, 8x8=red, 5x10=Olive

Test Your Color

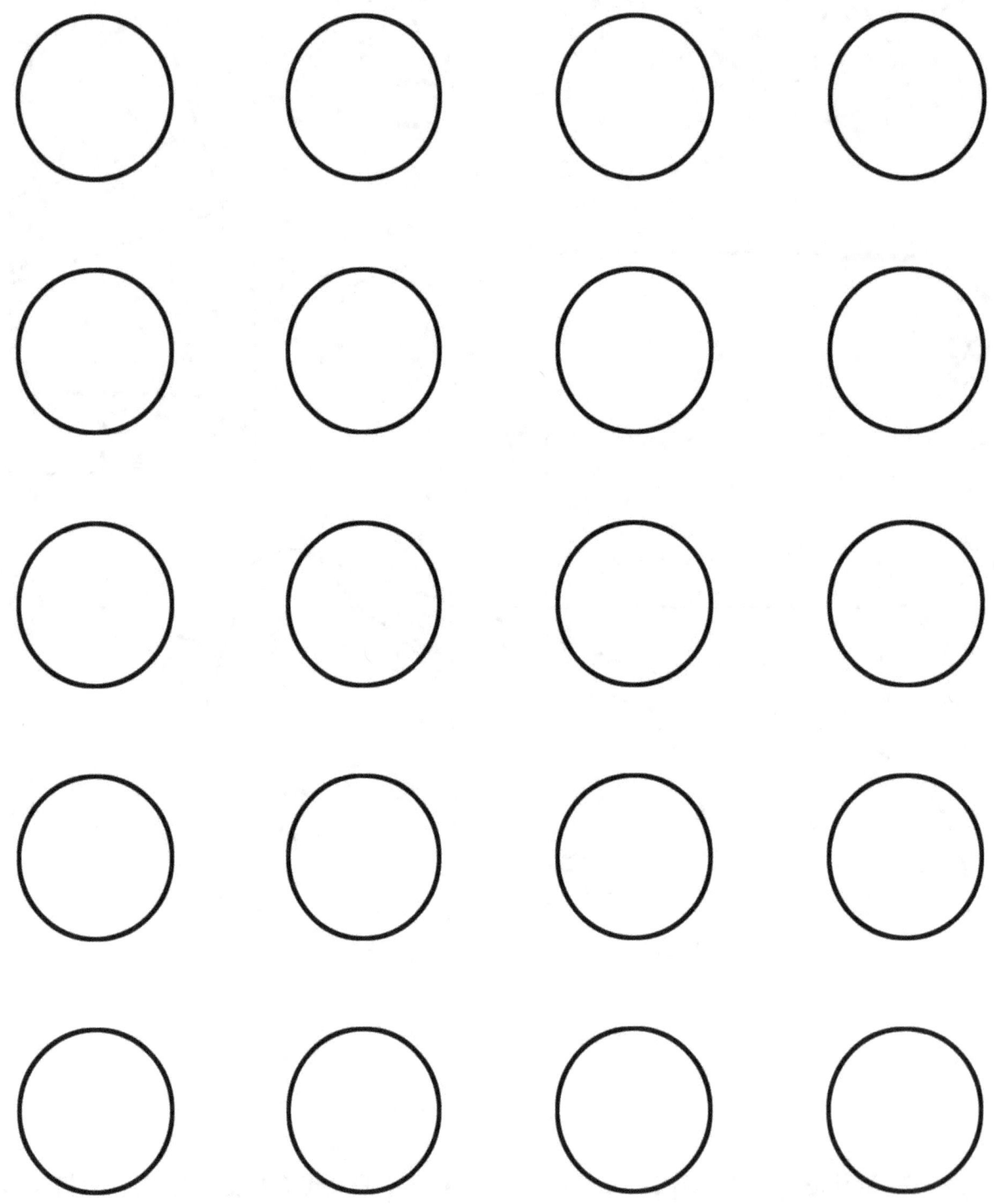

6:3=aqua, 9:3=red, 12:3=yellow, 15:3=dark orange
18:3=lime, 21:3=magenta, 24:3=gray, 27:3=orange, 30:3=purple

Test Your Color

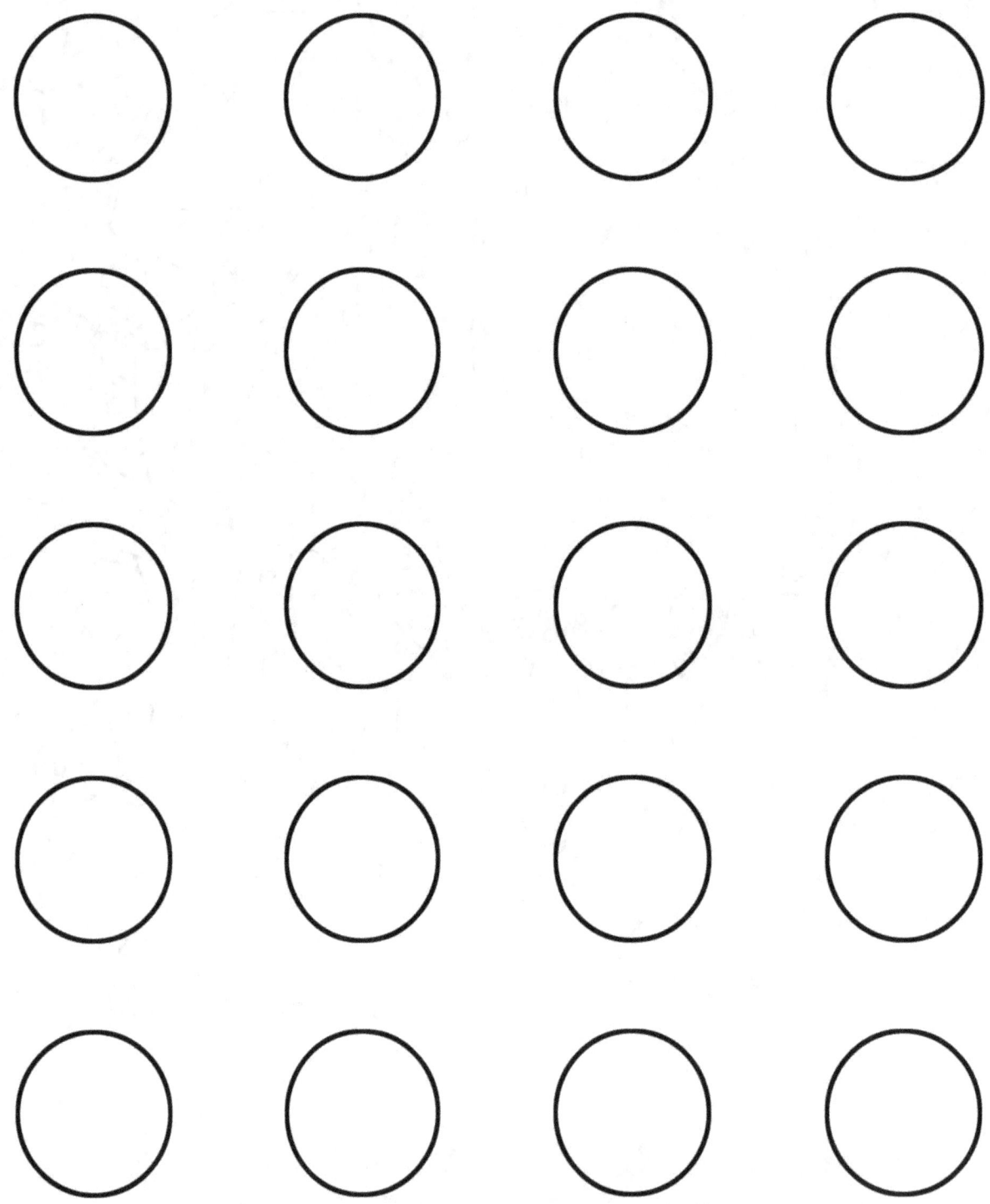

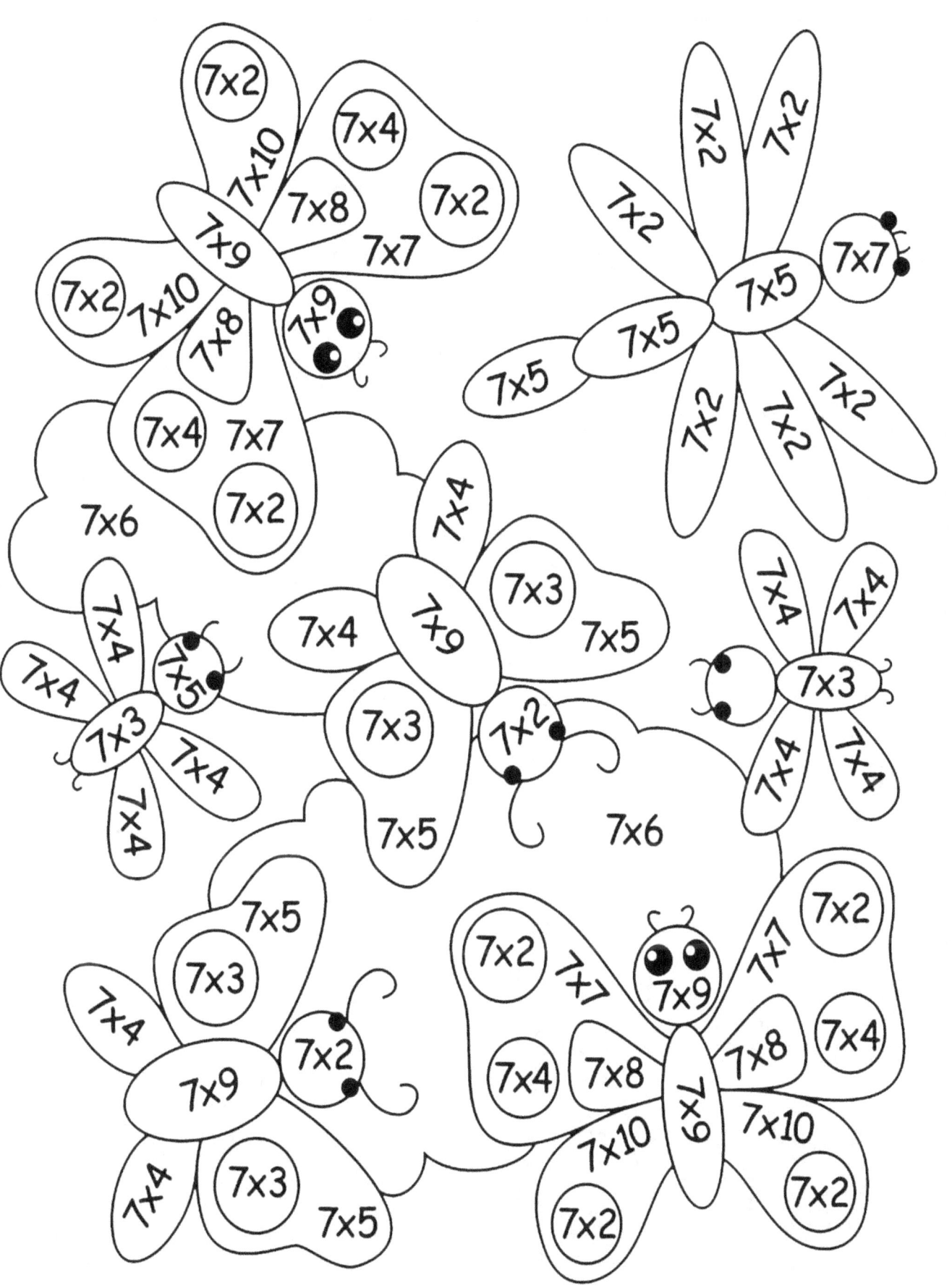

14=yellow, 21=red, 28=lime, 35=green, 42=aqua, 49=blue, 56=magenta, 63=orange, 70=purple

Test Your Color

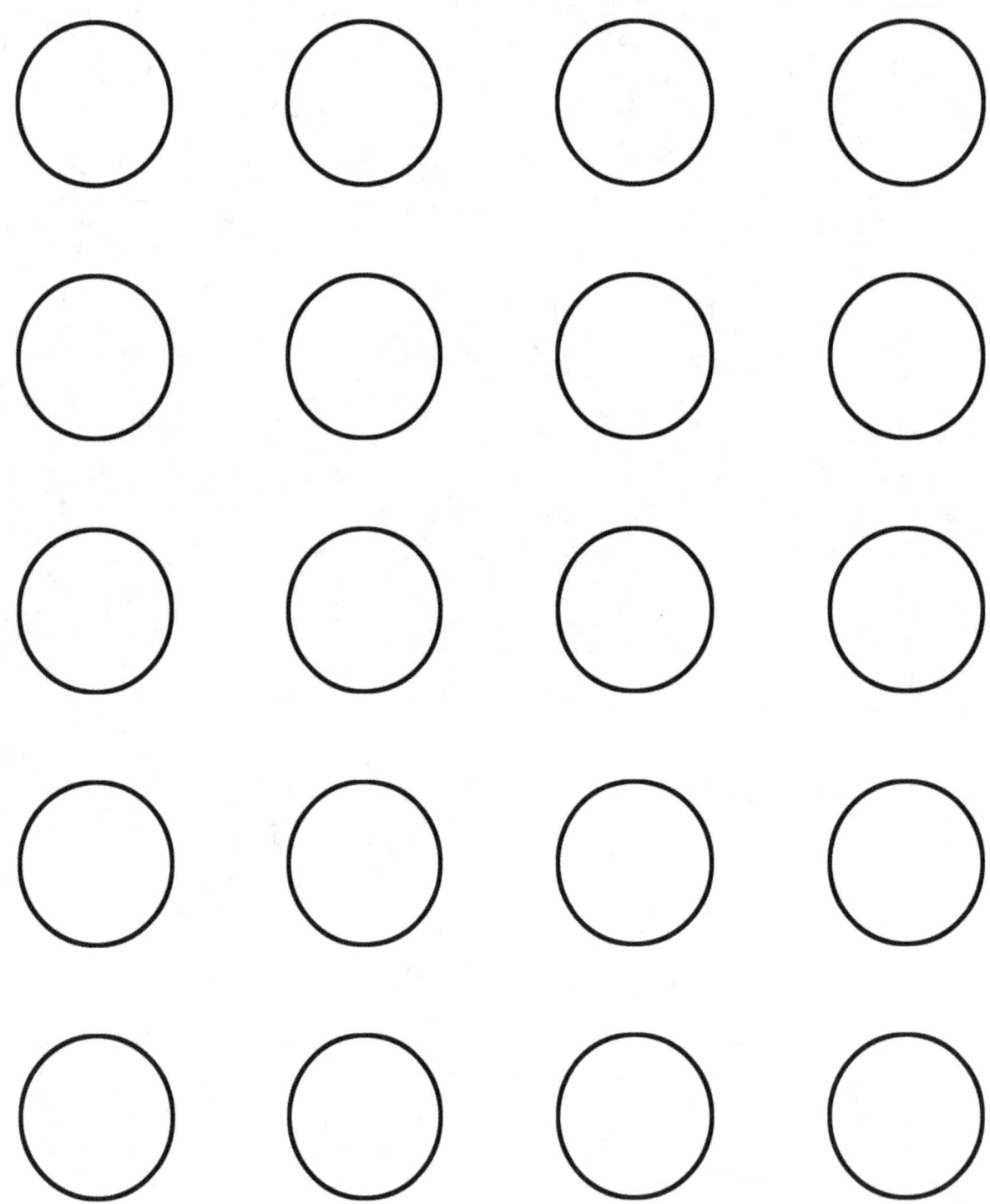

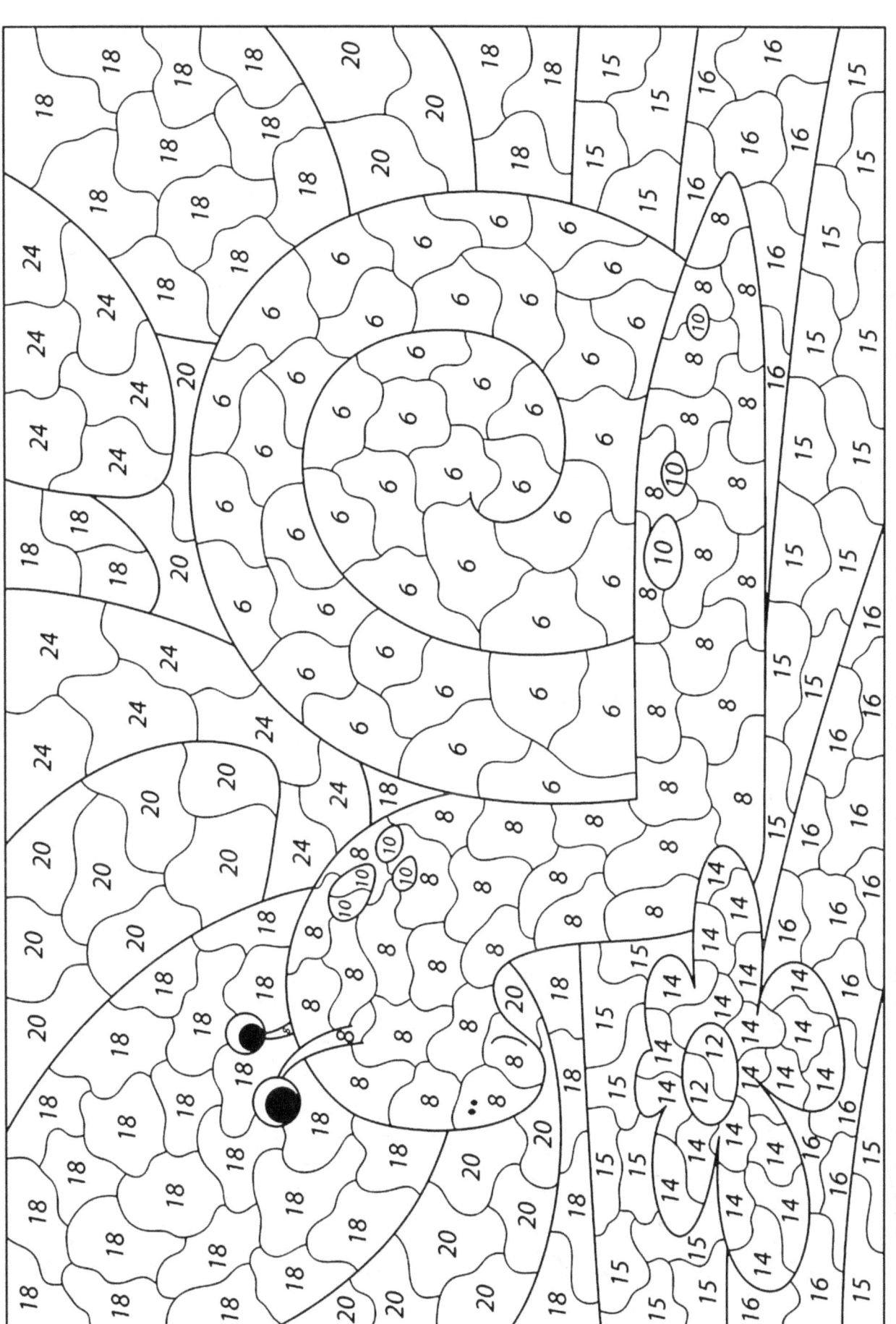

3x2=dark orange, 6x2=yellow, 2x8=saddle brown, 4x6=lime green, 4x2=light salmon
7x2=red, 2x5=pink, 5x3=light sea green, 4x5=dark green, 6x3=green yellow

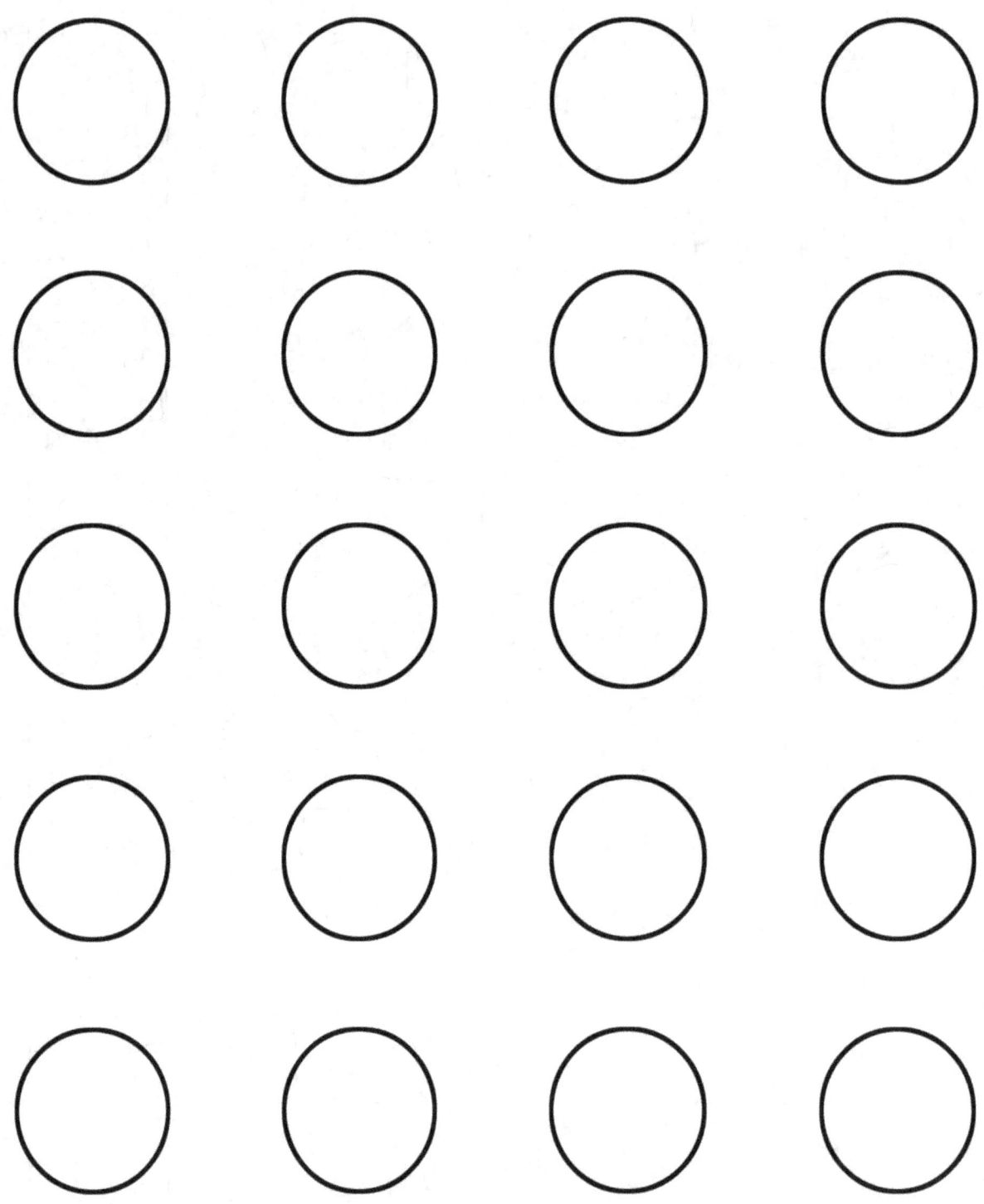

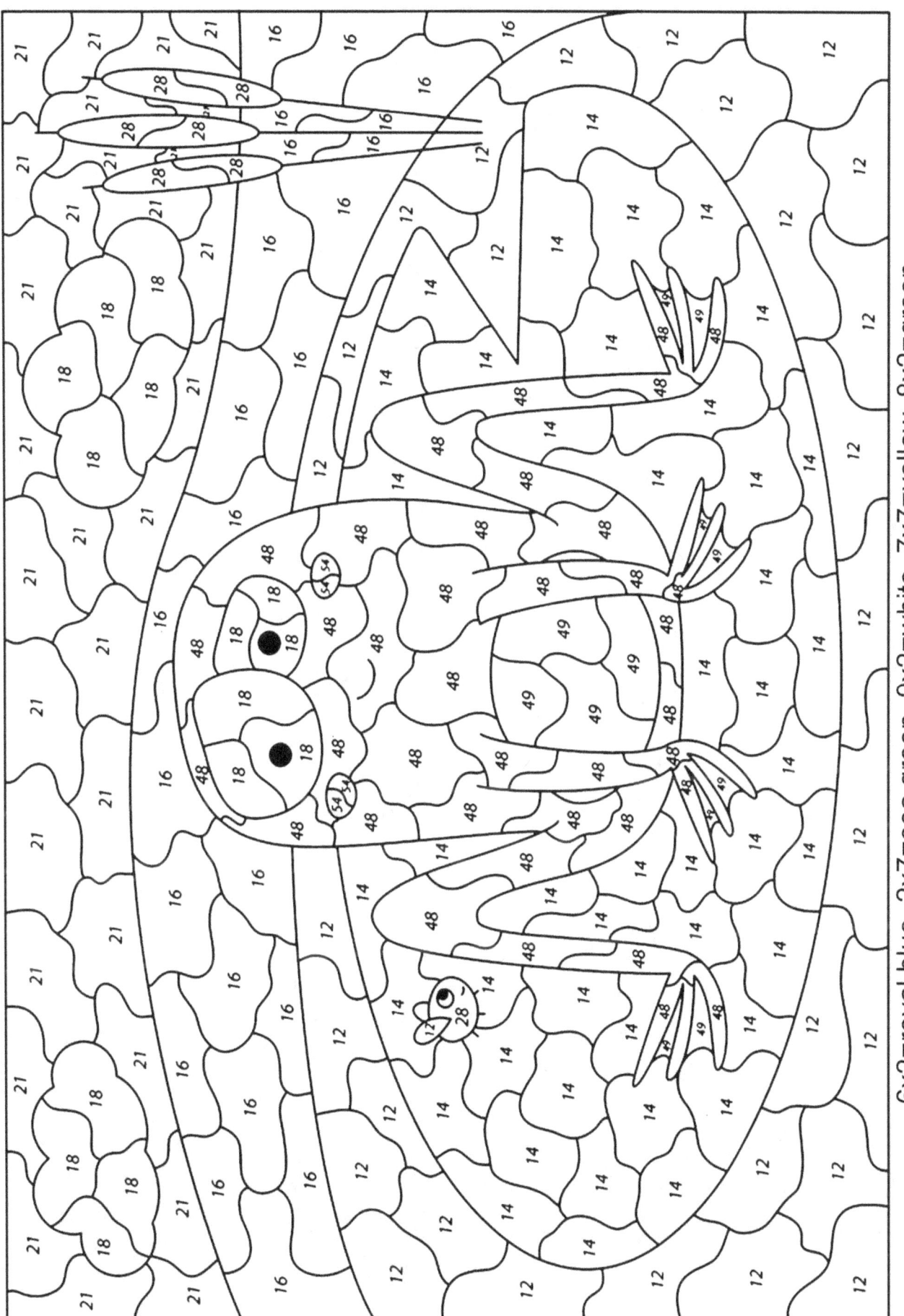

6x2=royal blue, 2x7=sea green, 9x2=white, 7x7=yellow, 8x2=green
3x7=light sky blue, 8x6=lime green, 4x7=olive, 6x9=red

Test Your Color

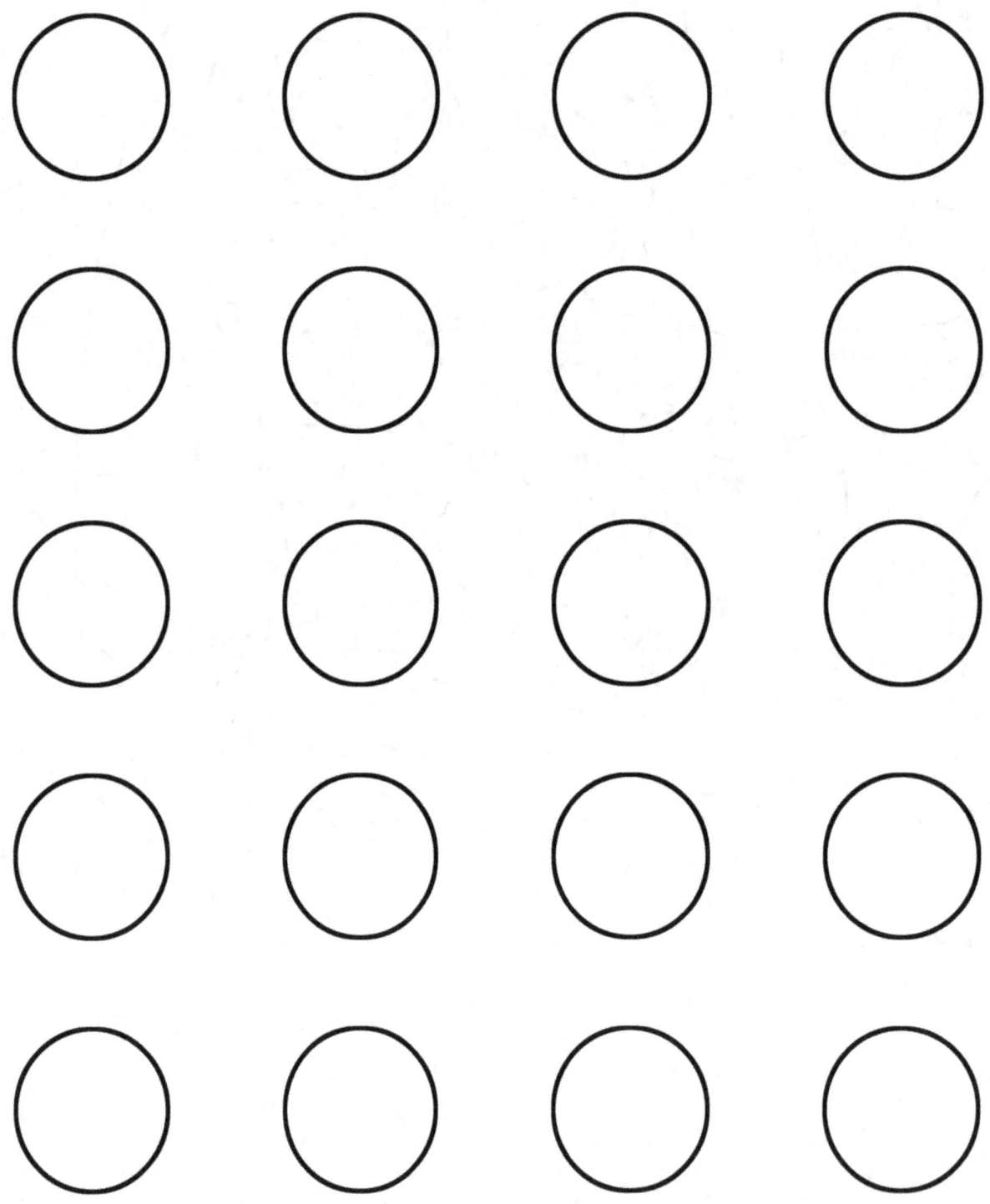

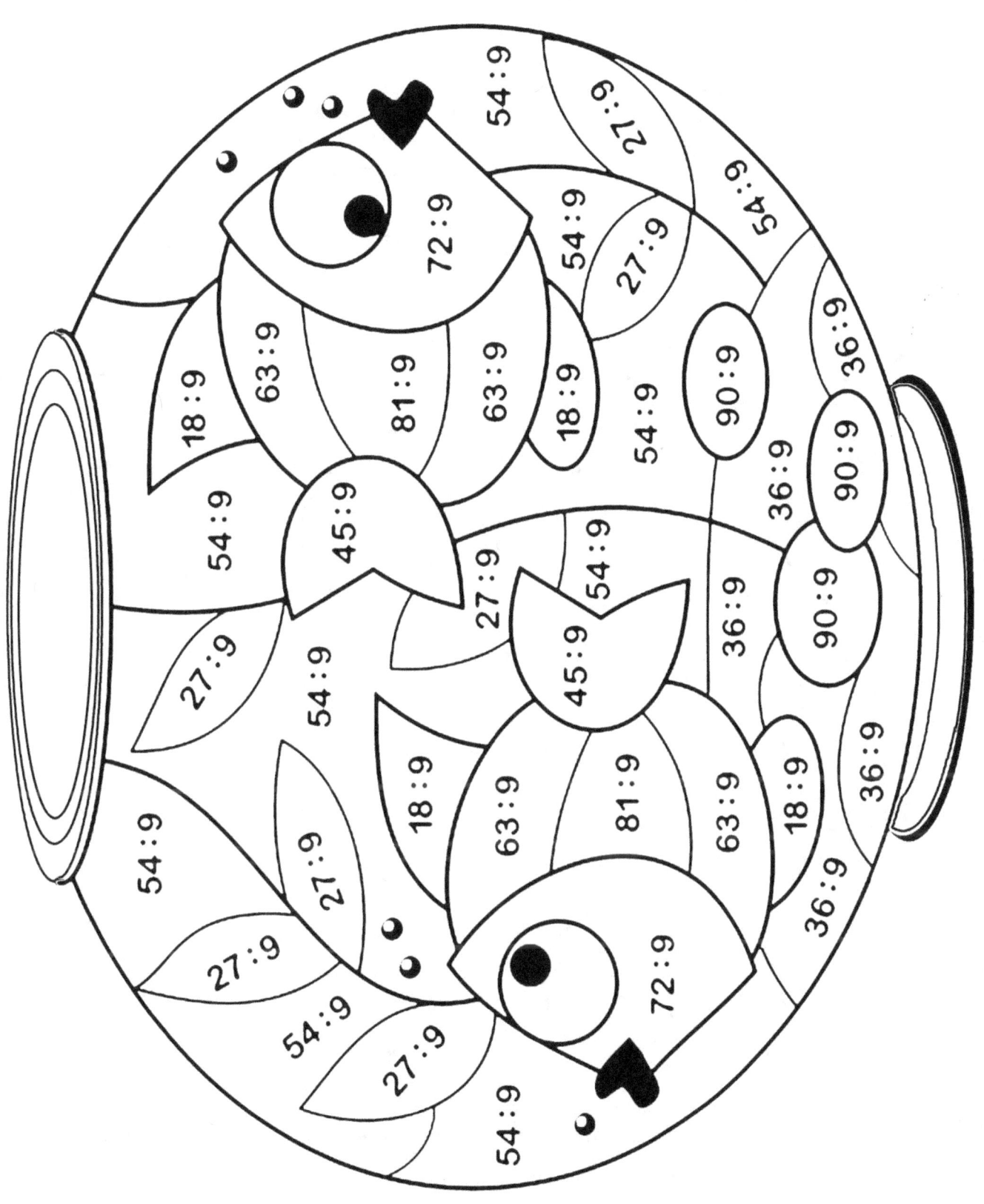

2=purple, 3=lime, 4=yellow, 5=magenta, 6=aqua
7=red, 8=deep sky blue, 9=orange, 10=saddle brown

Test Your Color

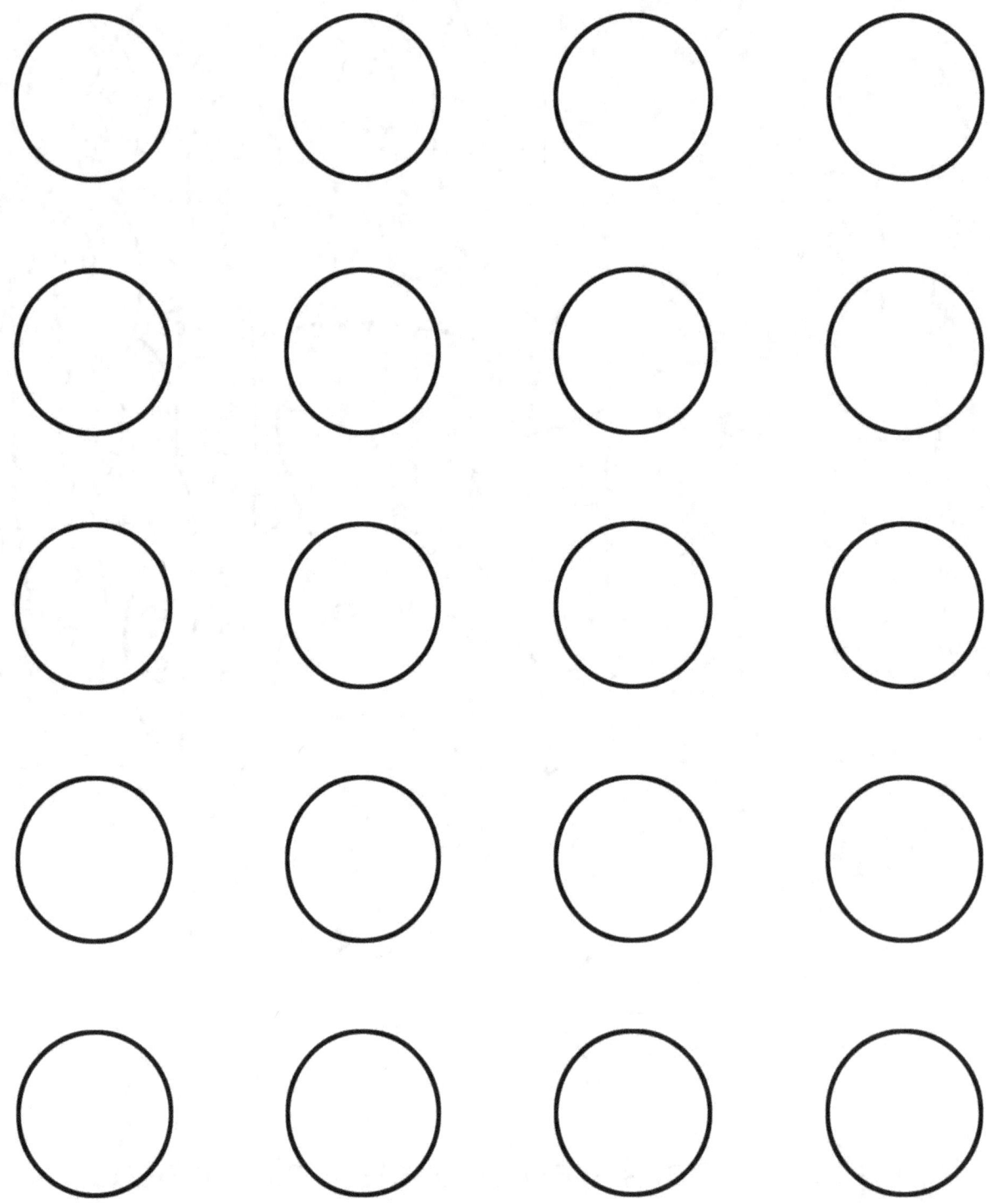

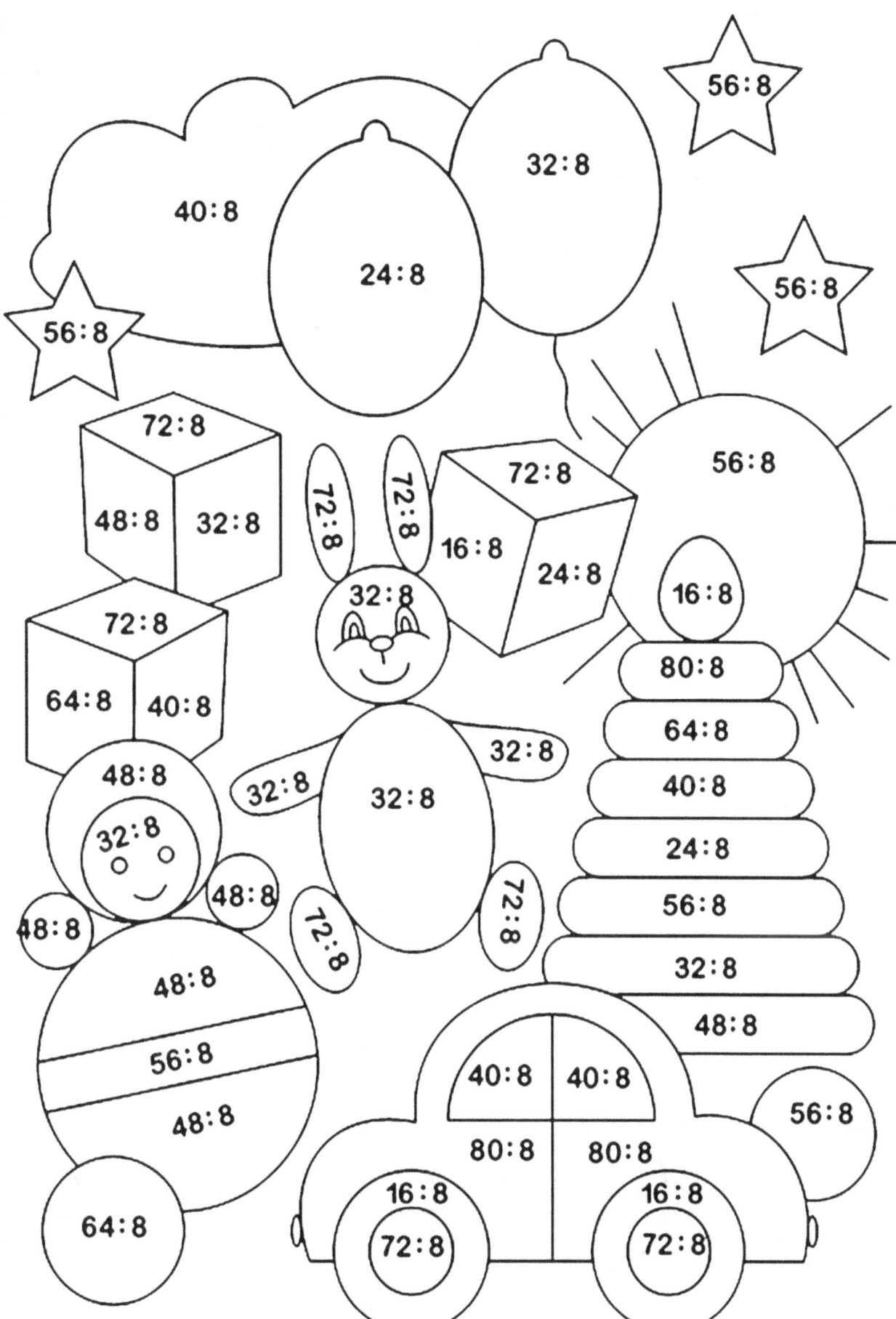

Test Your Color

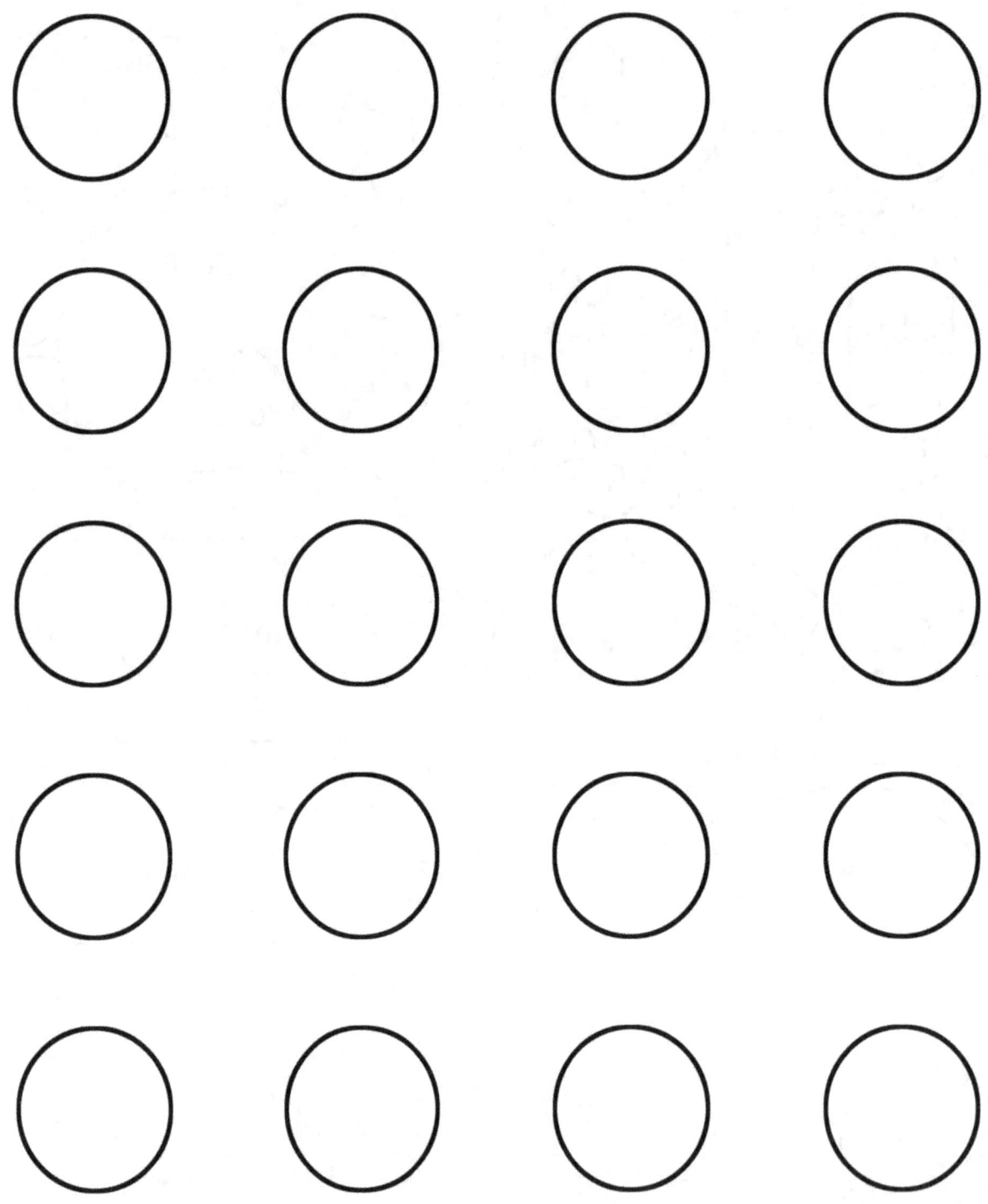

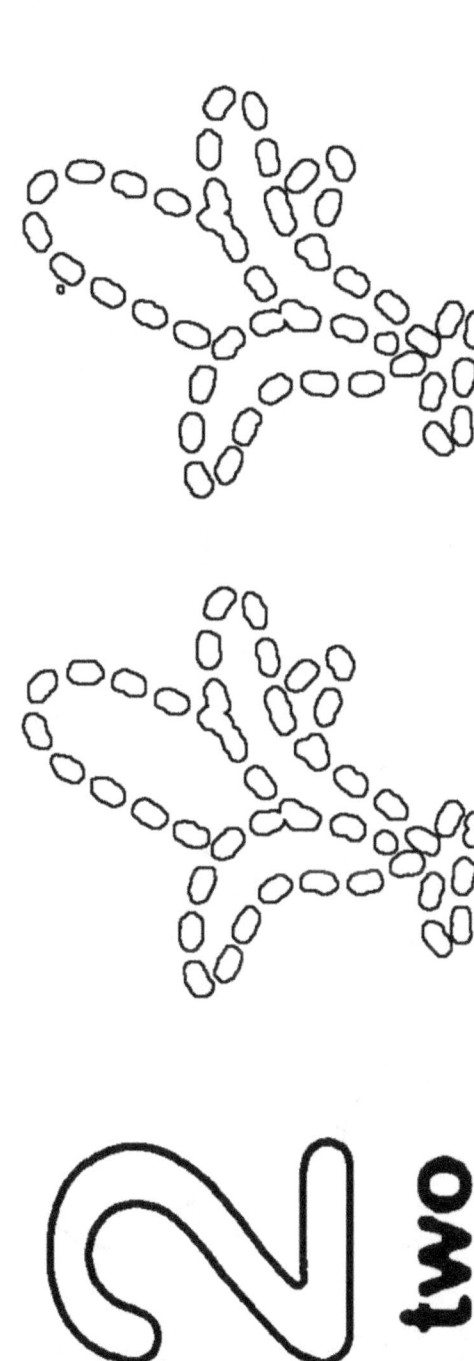

zero

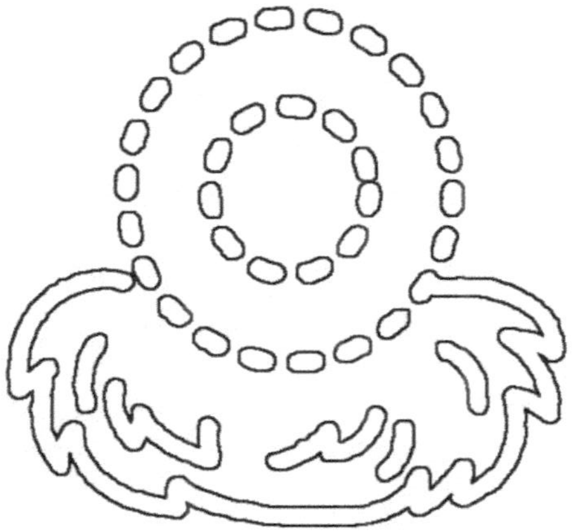

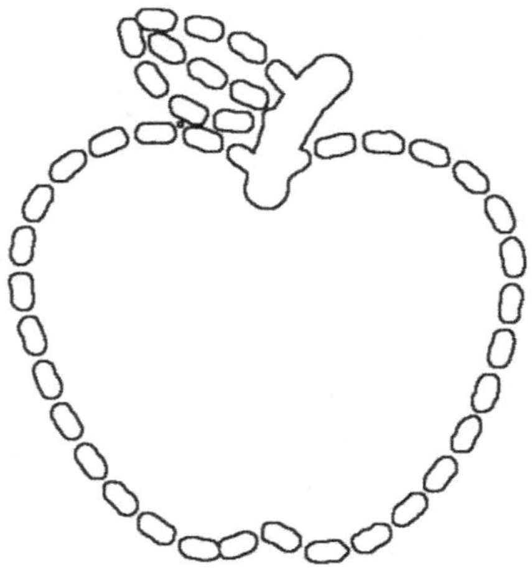

one

two

Test Your Color

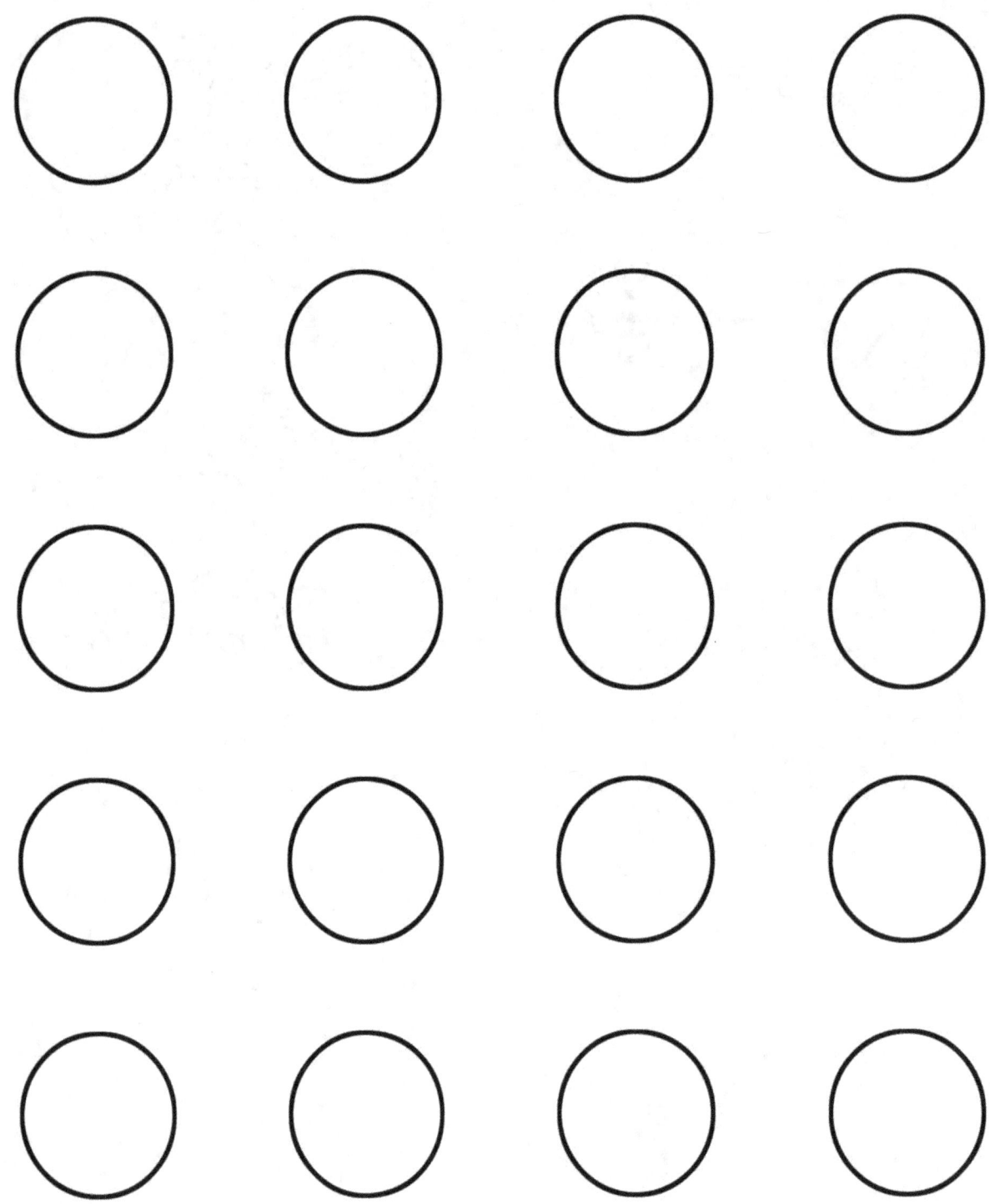

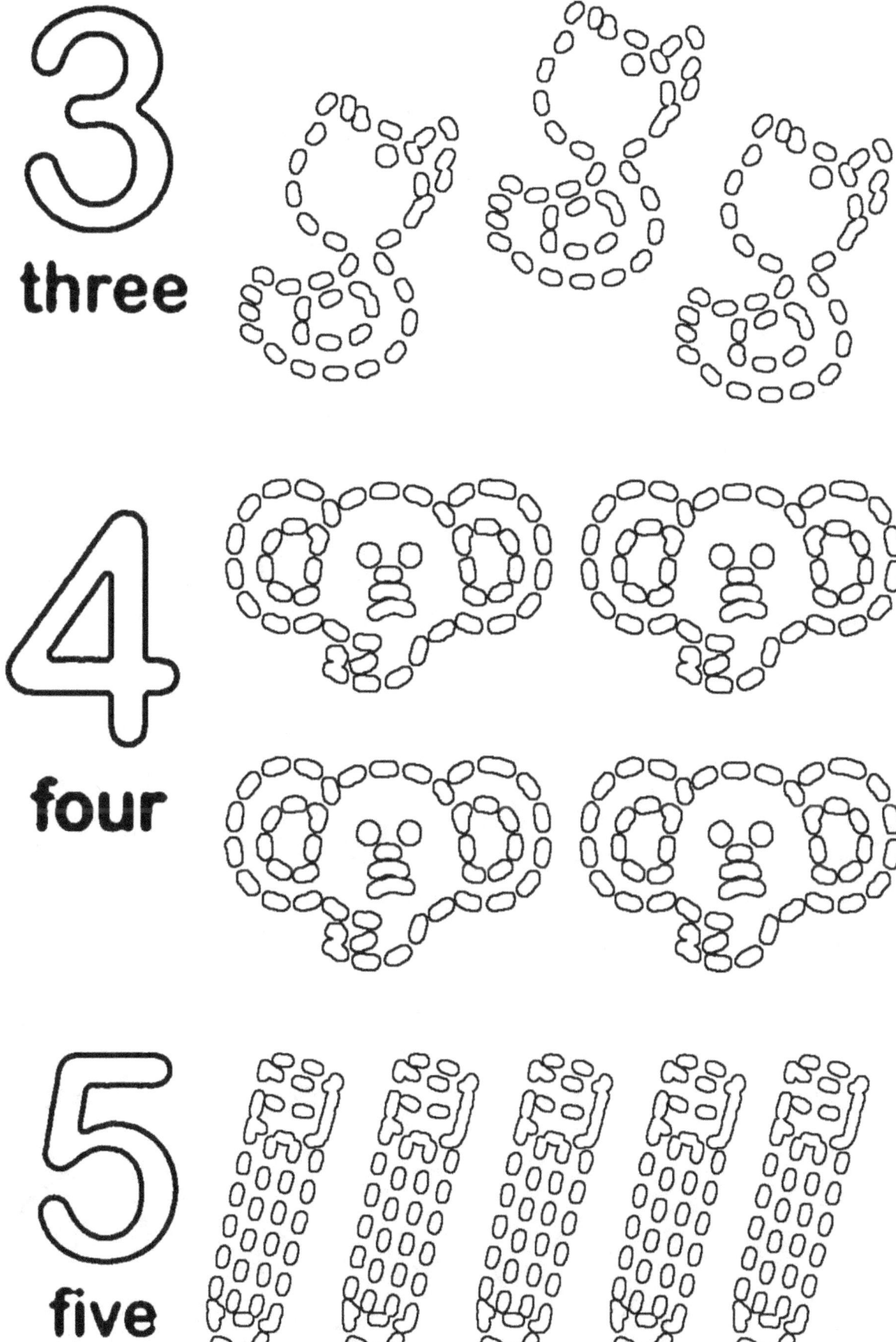

Test Your Color

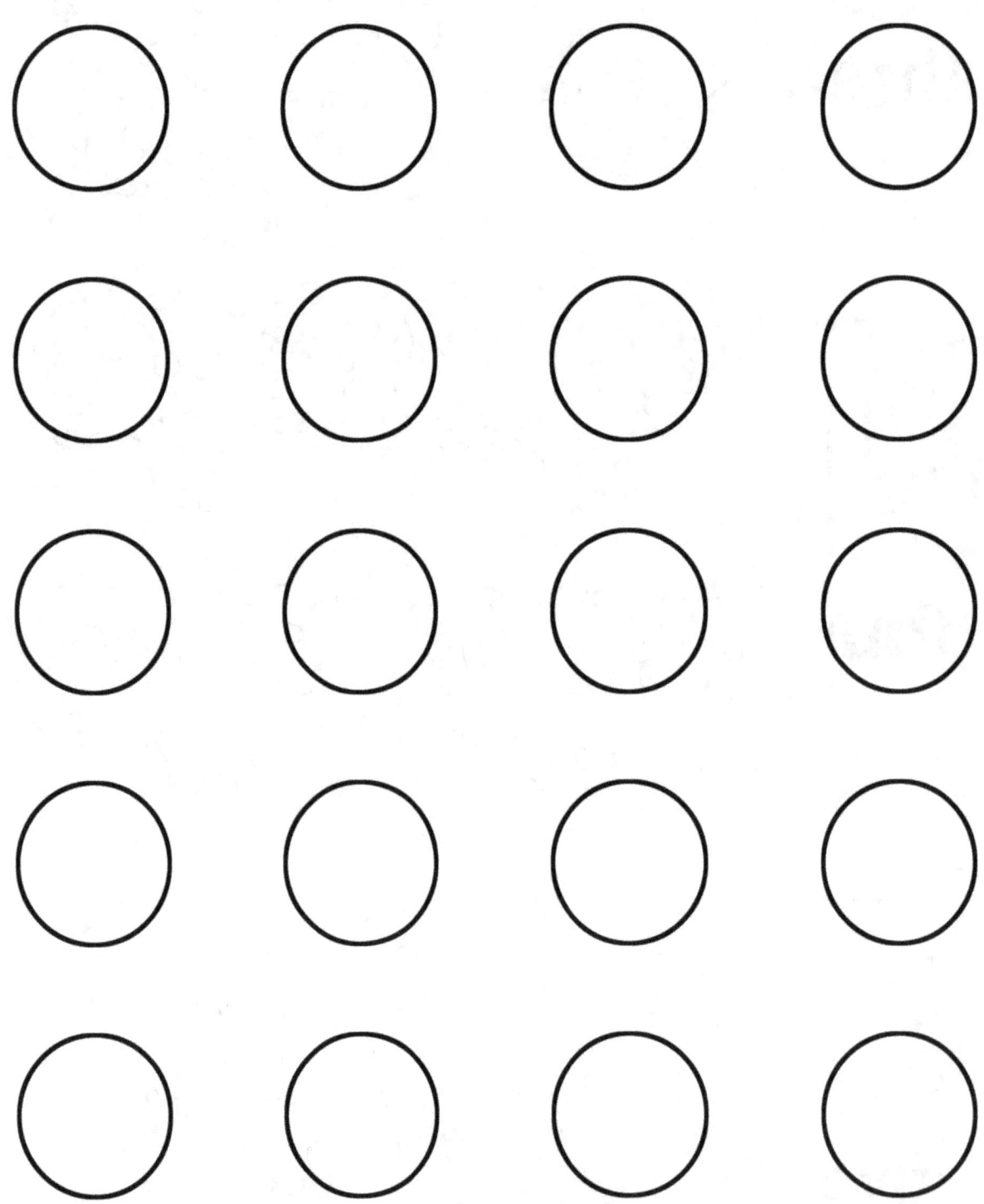

6
six

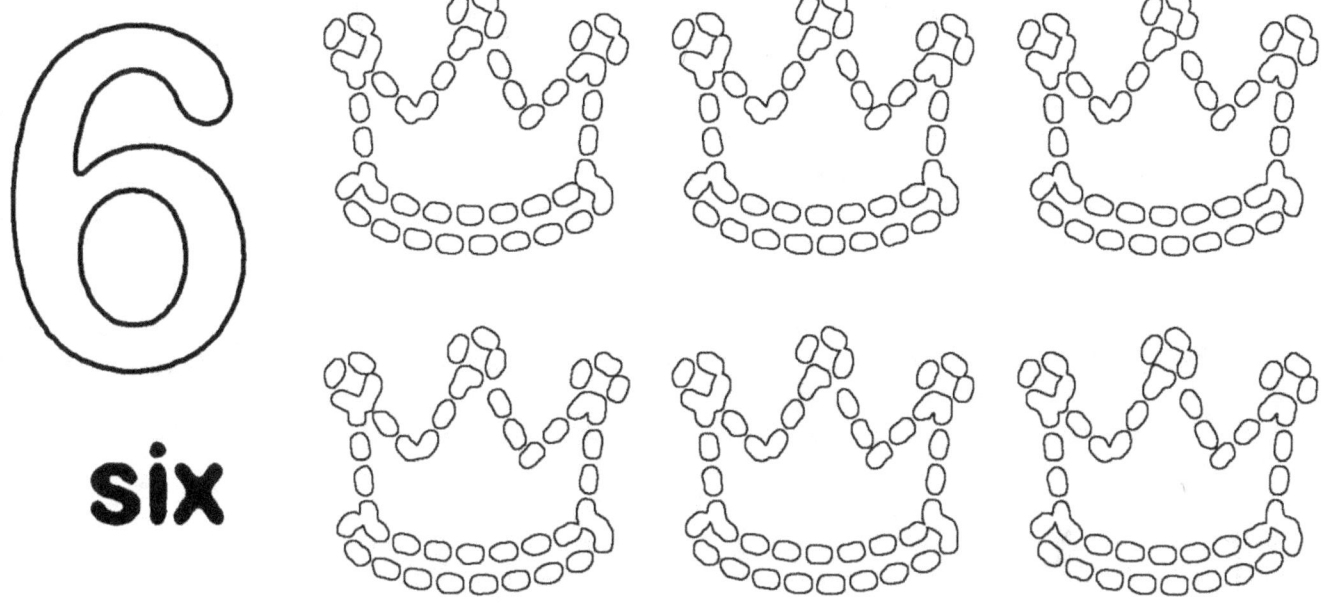

7
seven

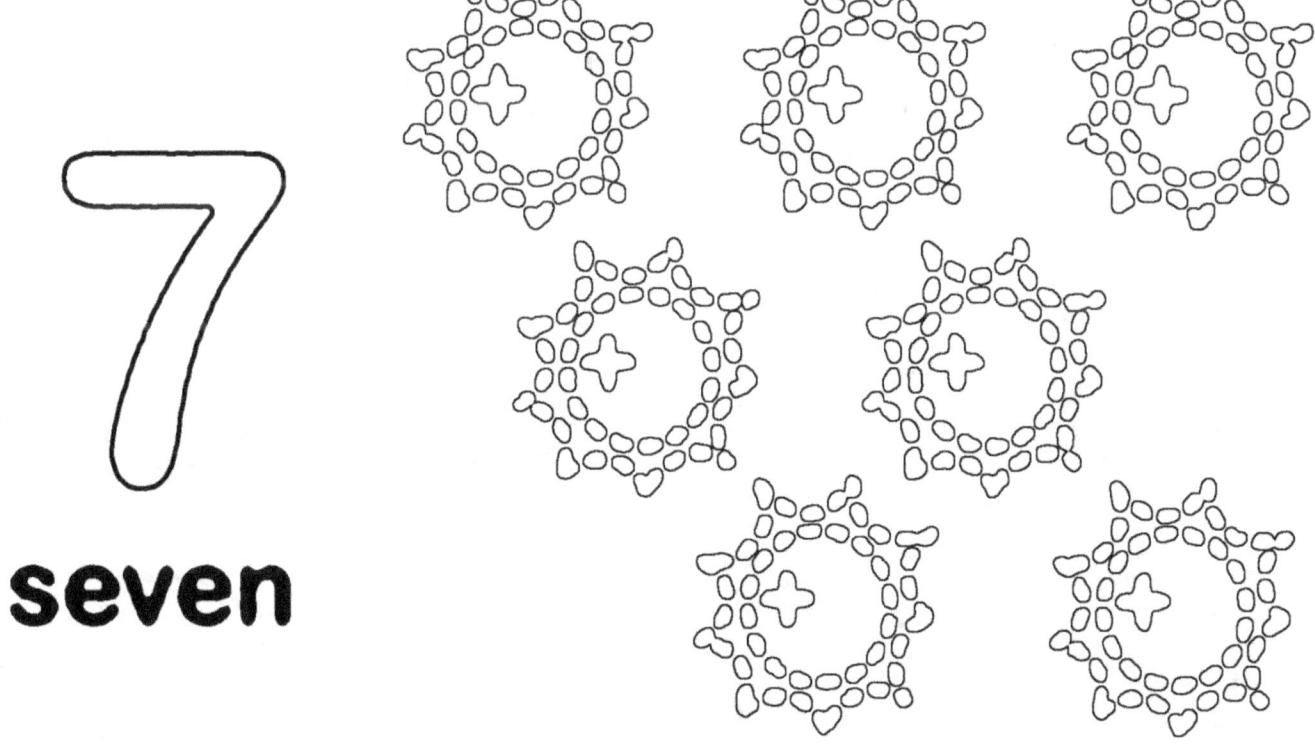

Test Your Color

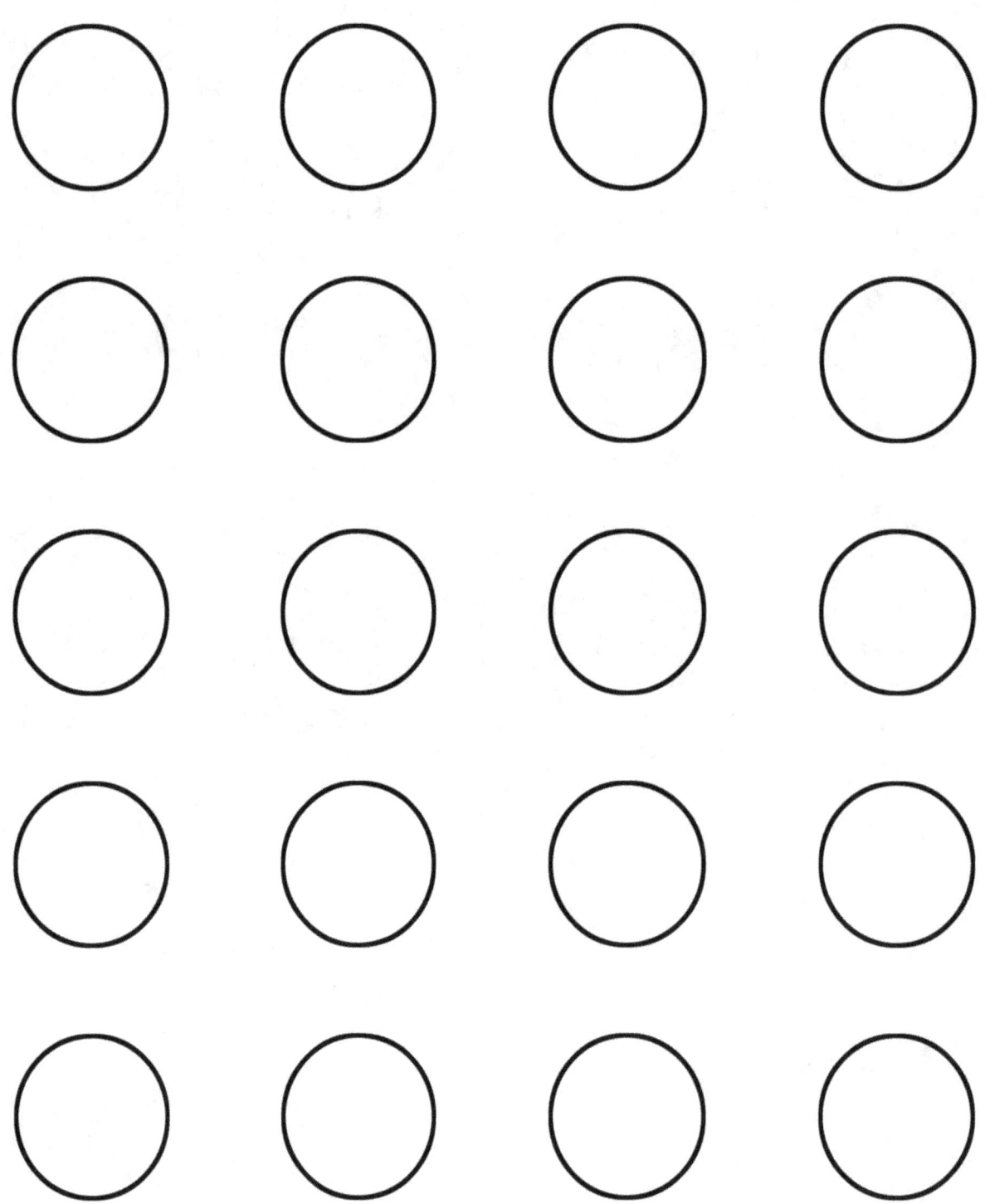

Test Your Color

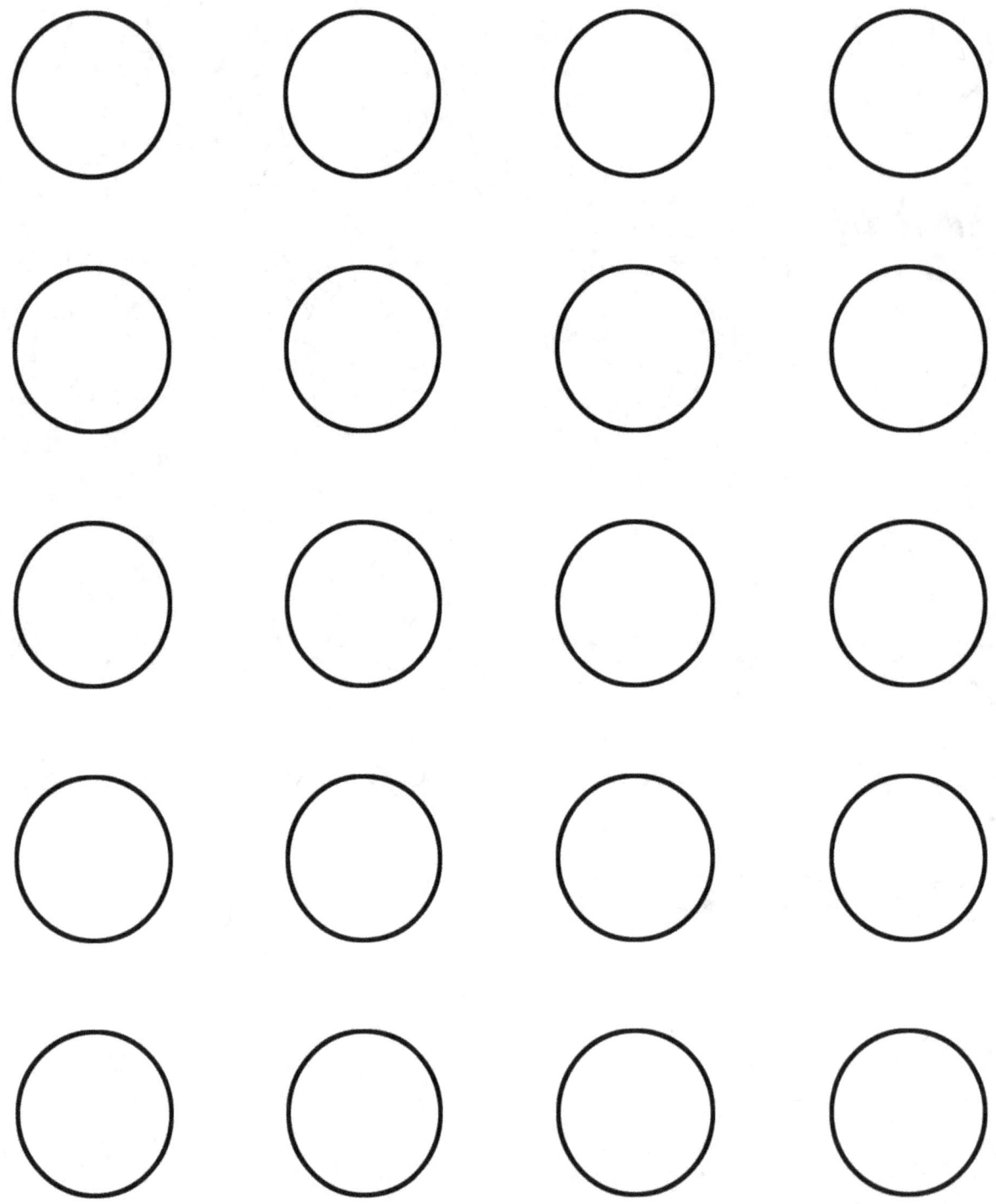